[口袋版]

崔玉涛图解家庭育儿

• 小儿常见病

• 崔玉涛 / 著

获得更多资讯，请关注：

科学家庭育儿微信公众账号

人民东方出版传媒
東方出版社

崔大夫寄语

从 2001 年起在《父母必读》杂志开办“崔玉涛医生诊室”专栏至今，在逐渐得到社会各界认可的同时，我也由一名单纯的儿科临床医生，逐渐成长为具有临床医生与社会工作者双重身份和责任的儿童工作者。我坚信，作为儿童工作者，就应有义务向全社会介绍自己的知识、工作经验和体会。

从 2006 年开办个人网站，到新浪博客之旅，又转战到微博，至今已连续 1400 多天没有中断每日微博的发布，累计发布微博达 6100 多条，粉丝达到 550 万。在微博内容得到众多网友的青睐之时，我深切感受到大家对更多育儿知识的渴求。微博虽然传播速度快，但内容碎片化，不能完整表达系统的育儿理念。于是，2015 年 2 月 5 日成立了“北京崔玉涛儿童健康管理中心有限公司”，很快推出了微信公众号“崔玉涛的育学园”和育儿 APP“育学园”，近期又在北京创立了第一家“崔玉涛育学园儿科诊所”。其目的就是全方位、立体关注儿童健康，传播科学育儿理念，为中国儿童健康服务。

为了能够把微博上碎片化的知识整理成较为系统的育儿理论，在东方出版社的鼎力帮助和支持下，经过一定的知识补充，以漫画和图解的形式呈现给了广大读者。这种活跃、简明、清晰的形式不仅是自己微博的纸质出版物，而且能将零散的微博融合升华成更加直观、全面、实用的育儿手册。本套图书共 10 本，一经面世就得到众多朋友的鼓励和肯定，进入到育儿畅销书行列。为此，我由衷感到高兴。这种幸福感必将鼓励我继续前行，为中国儿童健康事业而努力。

此次发行的版本，就是为了满足更多朋友的需要，希望将更多的育儿知识传播给需要的人们。我们一道共同了解更多育儿理念，才能营造出轻松、科学养育的氛围。我的医学育儿科普之旅刚刚启程，衷心希望更多医生、儿童健康工作者、有经验的父母加入进来，为孩子的健康撑起一片蓝天，铺就一条光明之路。

2016 年 9 月 18 日于北京

目录
contents

1 小儿常见症状和疾病

2 小儿常见问题

3 家长需要注意的问题

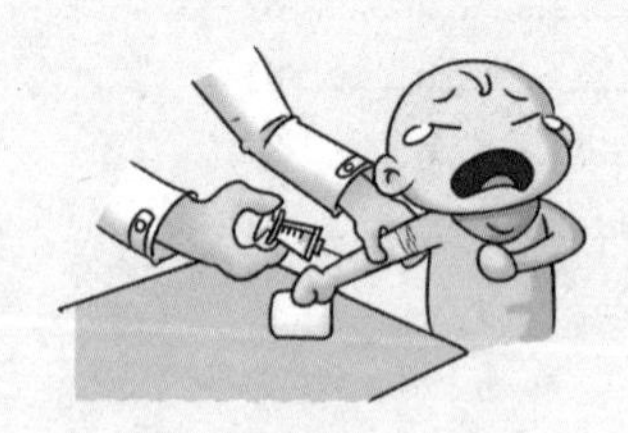

4 崔大夫门诊问答

1 小儿常见症状和疾病

咳嗽是小儿常见的呼吸道症状

从原因上讲，咳嗽多由呼吸道炎症所致

病毒感染

细菌感染

过敏

部位上可涉及

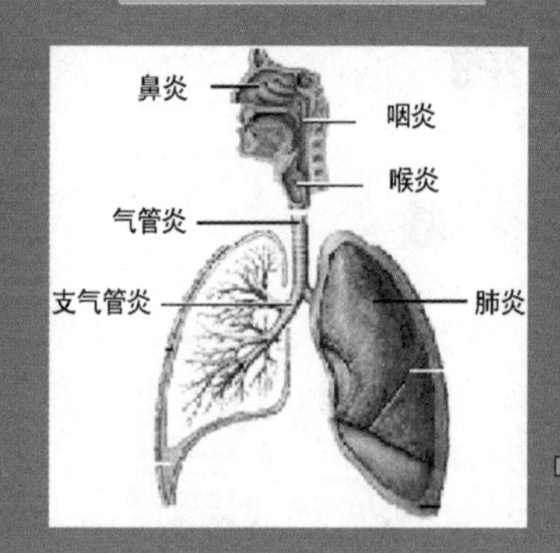

对于咳嗽的判断应该包括原因+部位。比如：病毒性气管炎、过敏性鼻炎等。

咳嗽是人体自身保护机制之一

咳嗽是呼吸道疾病的常见症状，它不属于一种疾病。遇到孩子咳嗽时，应该先寻找原因，再考虑治疗，不要认为全力以赴治疗咳嗽就能解决根本问题。

咳嗽是人体自身保护机制之一。呼吸道受到病菌、过敏原、异物等刺激时，为了排除这些刺激，都会出现咳嗽的症状。也就是说，咳嗽的目的是排出进入呼吸道的异物或呼吸道产生的分泌物，因此，单纯止咳不仅不能解决根本问题，反而会导致异物或分泌物在体内存留时间过长，造成更严重的不良影响。只有解除引起咳嗽的原因，才能从根本上解决咳嗽问题。

引起咳嗽的原因很多。对儿童来说，感染是最常见的原因。不论是病毒，还是细菌，进入呼吸道内引起炎症，对呼吸道产生刺激，就会引起具有人体保护作用的咳嗽。病毒是引起上呼吸道感染的主要因素。当遇到孩子出现咳嗽时，家长不要认为及早通过静脉途径使用抗生素就能很快控制咳嗽。若分泌物不能很快排净，非常容易出现继发呼吸道细菌感染。

除了感染，过敏导致咳嗽的发病率也越来越高。过敏在呼吸道的表现，往往容易使人们与上呼吸道感染混淆，误诊为感染所致。过敏引起的呼吸道症状，出现得非常快。当遇到过敏原时，数分钟至两小时内就可出现明显症状，往往以流涕、喷嚏起步，并很快出现咳嗽，严重者可能出现喘憋。由于家长不了解过敏问题，经常会认为是“反复呼吸道感染”。过去经常将这类情况认为是免疫功能低下。

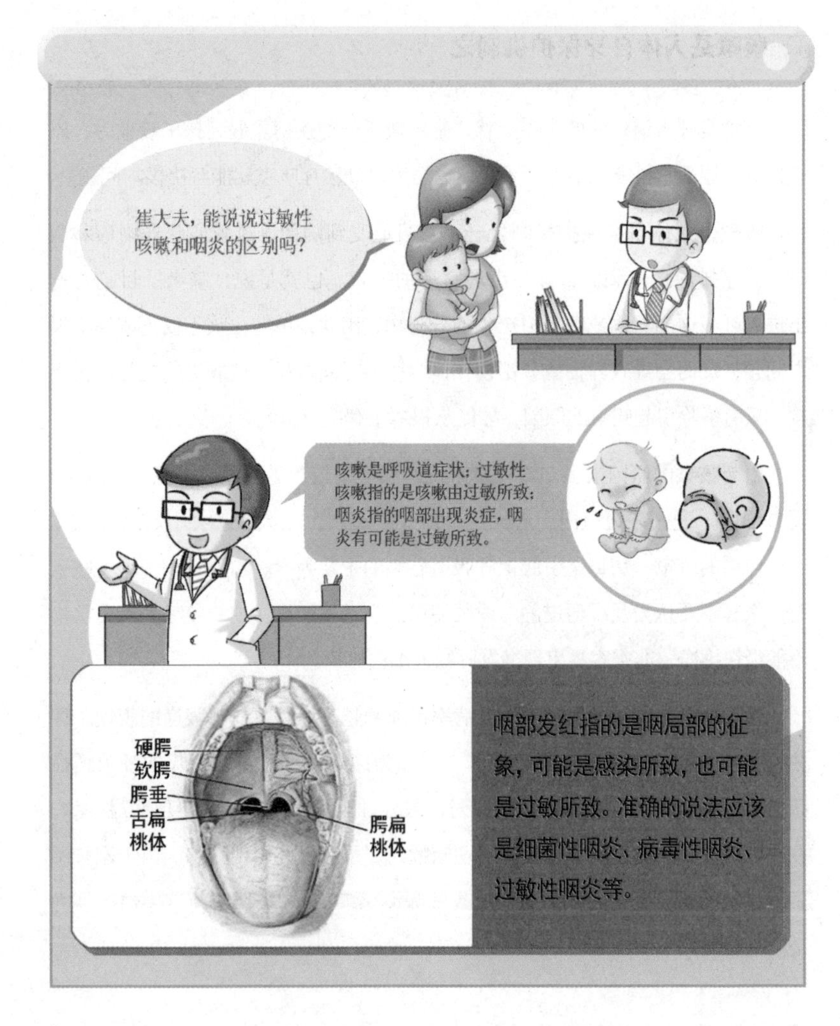
崔大夫，能说说过敏性咳嗽和咽炎的区别吗？
咳嗽是呼吸道症状；过敏性咳嗽指的是咳嗽由过敏所致；咽炎指的咽部出现炎症，咽炎有可能是过敏所致。
硬腭
软腭
腭垂
舌扁桃体
腭扁桃体
咽部发红指的是咽局部的征象，可能是感染所致，也可能是过敏所致。准确的说法应该是细菌性咽炎、病毒性咽炎、过敏性咽炎等。

儿童咳嗽

咳嗽是小儿常见的呼吸道症状，从原因上讲，多由呼吸道炎症所致。引起炎症的原因包括病毒、细菌感染，也包括过敏等。从部位上讲，可涉及鼻炎、咽炎、喉炎、气管炎、支气管炎、肺炎等。所以，对于咳嗽的原因判断应该包括原因 + 部位。比如：病毒性气管炎、过敏性鼻炎等。

儿童咳嗽主要分为两大方面：

1. 呼吸道受到刺激引起咳嗽。比如：咽炎造成咽部发痒会出现咳嗽；哮喘会因气道痉挛出现咳嗽；喉炎会因局部水肿出现犬吠样咳嗽。

对于咽炎，除了多喝水，3 岁以上孩子可通过含片缓解咽部不适。可待因是真正神经止咳药物，儿童要慎用！咳嗽属于人体自身保护机制之一，家长不要过于担忧。除非较严重的咳嗽，一般可不用特别药物治疗。

对于呼吸道受到刺激引起的咳嗽，经常称为“干咳”。对于这种情况，去除或缓解刺激原因非常重要。比如，去除过敏原的同时使用抗过敏药物，解除支气管痉挛等。除了口服药物，雾化吸入往往会有较快且明显的效果。

对于患有支气管哮喘的儿童或急性毛细支气管炎、急性喉炎等病症，推荐使用雾化吸入激素治疗。气道雾化属于局部治疗之一，对人体内部器官不会产生不良影响。现在的雾化吸入激素非常安全。需要注意的是：雾化吸入后，要及时用清水清洗眼睛和用清水漱口。

“反复呼吸道感染”的孩子如何确定是过敏还是免疫功能低下？

由于呼吸道表现的过敏属于急性、快速表现，称为IgE介导的过敏，所以通过取血检测过敏原，可以判断是食源性，还是环境因素，或者是混合因素所致。找到过敏原及时解除，才可控制过敏引起的反复呼吸道感染。

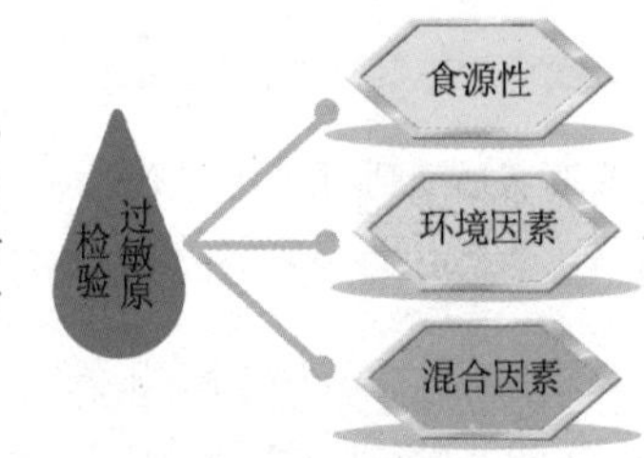

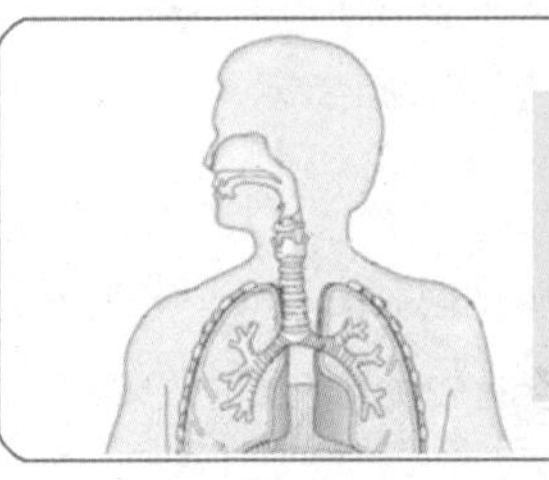

如果存在免疫功能低下，肯定会反复出现呼吸道感染。因为呼吸道为开放器官，细菌、病毒等随时可以进出。若怀疑这类问题，应该进行血液免疫功能检测。

检测会非常详细地反映免疫功能状态，比如免疫球蛋白A低下等。

喉气管支气管炎，英文称 Croup，过去认为是严重喉炎，多为病毒感染所致。症状多于夜间出现，来势凶猛，以剧烈痉挛性咳嗽为表现，称为“犬吠样”咳嗽。治疗的首要方法，是家长赶快开窗，使孩子快速吸到凉空气。当然，此时全身保暖非常重要。再有就是短期激素治疗。

2.气管炎、肺炎等造成呼吸道分泌物增多，为排出呼吸道内分泌物而咳嗽。

由于儿童呼吸道较细，稍有水肿或少许分泌物就会出现明显呼吸道阻塞的现象——鼻塞、呼吸费劲等。吃药可缓解病情，但药效发挥时间往往较长。对小婴儿可用温毛巾敷鼻子；对大些的婴幼儿可洗蒸汽浴，以此湿润呼吸道，有利于分泌物排除。使用雾化吸入器时加上适当药物，更利于呼吸道恢复，保证呼吸通畅。

宝宝为何总是晚上睡觉咳嗽，咳得很厉害，可白天又不咳？

夜间咳嗽应该考虑两方面问题：

1.患有鼻炎。夜间睡觉时，鼻部分泌物会倒流刺激咽部引起咳嗽。此种咳嗽常出现于后半夜或凌晨。如同时伴有打鼾现象，还应考虑腺样体肥大问题。

2.孩子对枕头等床上用品有过敏，这种咳嗽在上床后很快出现。

宝宝为何一到幼儿园就咳嗽？

一到幼儿园就会出现咳嗽，也许与患有呼吸道感染的孩子过于密切接触有关，但反复出现，更应考虑过敏所致。建议家长了解幼儿园饮食和生活环境，结合过敏原检测，查找原因。

根据咳嗽特点判断引起咳嗽的原因

呼吸道感染造成的咳嗽一般全天都会发作；过敏造成的咳嗽会突然发作；鼻炎造成的咳嗽会在孩子平躺后发作。患鼻炎时，如果孩子处于直立状态，鼻部分泌物会以流涕形式排出；如果处于平躺状态，会倒流入咽喉部，出现呛咳样表现。如果孩子出现半夜咳醒的情况，就应考虑患有鼻炎。

孩子仅仅出现半夜和清晨咳嗽，多半与上呼吸道有关，特别是与鼻炎、腺样体肥大相关。夜间平躺睡觉，鼻部或鼻后部腺样体分泌的分泌物会倒流进入咽部，当积存一定量后刺激咽部出现咳嗽，时间往往是半夜或清晨。白天这些部位的分泌物会逐渐通过流涕或吞咽过程消耗，因此没有明显咳嗽。

如果孩子夜间或清晨咳嗽，特别是睡觉时伴有打鼾现象，应该带孩子看耳鼻喉科医生。通过检查确定引发咳嗽的原因，采取针对性治疗。家长不要轻视孩子打鼾现象。打鼾意味着上呼吸道通畅度不良，长期下来，慢性缺氧可影响脑发育，导致性格异常。

若孩子一上床或进入某种环境就咳嗽，往往与环境过敏有关，如尘螨、霉菌等。为此家长一定要详细对比引发咳嗽的环境与平时生活环境的不同，比如：在地毯上玩耍后咳，起初会认为是运动诱发，实际上是螨虫诱发。如果孩子对螨虫过敏，家中就不要使用吸尘器、地毯，也不要让孩子玩毛绒等不易彻底清洗的玩具。

抗过敏药物只能暂时缓解过敏性咳嗽，所以治疗初期都会感觉效果很满

家庭内如何应对呼吸道感染？

对于家长来说，准确地掌握普通感染过程并不容易。

当孩子呼吸道感染时，如果一般状况无明显改变，睡眠和饮食都没有受到明显影响，可考虑家庭内使用对症药物，比如退热药、止咳药、感冒药等。

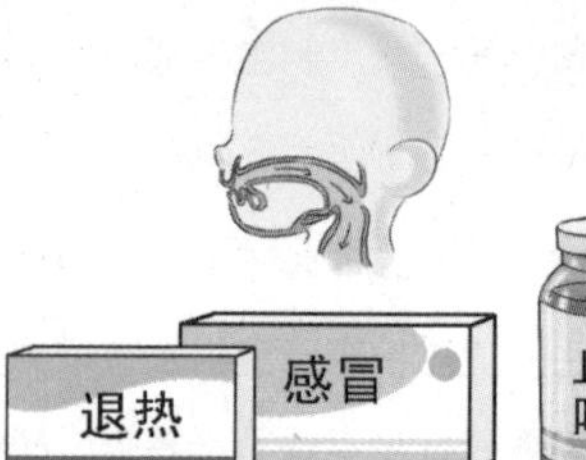

如果3天以上仍无好转迹象，建议带孩子到医院检查，让医生判断病情，考虑下一步治疗方案。

意，逐渐就会发现药物效果越来越差。过敏性咳嗽与其他过敏一样，根治的方法是“去除过敏原 + 免疫支持”。去除过敏原需要进行过敏原检测（血液测试、皮肤点刺等检查）加上生活中回避过敏原，免疫支持就是添加非常有效的活益生菌。

在生活中寻找过敏原或进行血液测试、皮肤点刺等过敏原测定，目的不在于对过敏的诊断，而是“去除和躲避过敏原”。只有密切接触过敏原才可导致过敏，那么查出过敏原之后，去除过敏原对孩子和大人来说，都是一场革命性的变化。比如：禁食鸡蛋；为了去除螨虫，家中彻底扫除并去除地毯和毛绒玩具等。

一到幼儿园就会出现咳嗽，也许与患有呼吸道感染的孩子过于密切接触有关，但反复出现，更应考虑过敏所致。了解幼儿园饮食和生活环境，结合过敏原检测，查找原因。不要依赖静脉输注抗生素。抗生素使用越多，过敏就会越严重，发作就会越频繁。

时间性非常强的咳嗽，也应该考虑与过敏有关。没有哪种感染会定时发作，白天不咳，一到晚间就发作，此时使用抗生素治疗肯定不对。建议检查过敏原，了解孩子咳嗽发作前的环境或进食的食物，考虑如何解除过敏，这样才可利于咳嗽的控制。

雾化是让宝宝吸入
热盐水蒸汽吗？
雾化吸入器将液体变成细小雾粒，
当呼吸时吸入气道。液体中药物颗
粒也随气雾吸入气道，起到治疗作
用。所以雾化吸入的不是蒸汽。
我刚给孩子买了空气压缩式雾化
器，不知合不合适？孩子断断续
续咳嗽咳痰快两月了，真是犯愁。
空气压缩式雾化器就是
可以作为治疗的医用雾
化吸入器。

雾化吸入治疗孩子咳嗽

咳嗽常继发于呼吸道感染和过敏，不论引起咳嗽的原因是什么，“冲洗”呼吸道都可以清除病菌和过敏原，有利于“控制”咳嗽。“冲洗”呼吸道最简单易行的办法就是吸入蒸汽或雾化液体。

在家里，可以让孩子在充满蒸汽的浴室内待上数分钟，吸入的蒸汽有冲洗呼吸道的效果。当然，如果能够雾化吸入盐水和一些必要的药物，效果则更有效可靠。

孩子出现咳嗽，可及早采用雾化治疗。利用雾化吸入可利于止咳、止喘，也利于清理、排出呼吸道分泌物。比如，当呼吸道分泌物较多——痰多的时候，口服药会有效果，但较缓慢，这时雾化吸入盐酸氨溴索，不仅可起到化痰止咳的作用，而且可以缩短治疗时间，效果较好；咳嗽较严重时，可雾化吸入“沙丁胺醇”；支气管哮喘，可使用支气管解痉药 + 皮质激素。此外，雾化吸入在哮喘急性发作期间用于解除支气管痉挛；急性喉炎时解除喉部水肿；增加呼吸道湿度，可采用雾化吸入生理盐水。呼吸道内分泌物较多，往往成为继发感染的基础，利用雾化吸入可有效排出呼吸道分泌物。但注意上述治疗需要在医生指导下进行。

呼吸道局部雾化疗法属于局部治疗方法，不仅治疗咳嗽效果非常好，而且因为直接作用于呼吸道，所以对全身影响很小，可在家中推广。不论是过敏引起的咳嗽，还是任何原因引起的呼吸道不适，都可雾化吸入生理盐水。即使正

崔大夫，宝宝雾化吸入不配合怎么办？
如果孩子不接受雾化吸入，可以进行蒸汽浴治疗。
让浴室温度保持不变，并让浴室内充满蒸汽。
大人带孩子在其中待一段时间，很多蒸汽就可进入孩子的呼吸道，也利于痰液稀释。
再加上扣拍后背，协助孩子排痰。
蒸汽浴时注意室温，既不要着凉，也不要过热。

常人雾化吸入盐水也不会有任何副作用。生理盐水与体液极为相似，而且具有抑菌和杀菌作用，又不会出现抗生素等药物引发的副作用。雾化吸入生理盐水后，既可湿润呼吸道，又可减少或避免呼吸道感染，是非常安全的保健方法。

进行雾化吸入治疗需要雾化吸入器。现在使用的是气动雾化，不是超声雾化。超声雾化有可能使液体内药物发生化学结构变化。而气动雾化将液体变为雾状，不会发生化学结构变化。气动雾化吸入器体积不大，操作简便，可在家中使用。仪器本身造价在 1000 元以上，若孩子没有哮喘等慢性疾病，仅是喉炎或痰多，家中购买价值不大。气动雾化吸入器有好几个品牌，每种品牌都有家用的，可以咨询当地医院或医疗仪器商店。

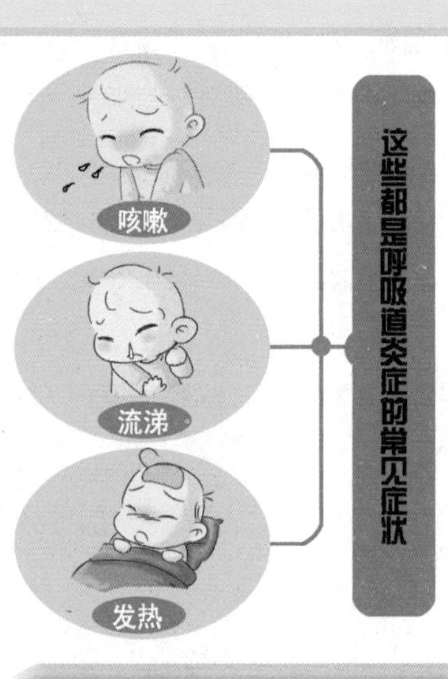

只有流涕、咳嗽，没有发烧，说明此次炎症较轻，家长不用过度紧张。

孩子只有几声咳嗽，家长不必紧张，不要孩子有点症状就要求快速用药进行治疗。

这种做法不是爱孩子，反而是“剥夺”了孩子自身免疫系统成熟的机会。

所以，就会出现越积极治病，孩子越容易得病的现象。在孩子的生长发育过程中，别忘了还有免疫系统。

如何预防孩子咳嗽

冬季是呼吸道疾病高发时期，作为呼吸道疾病的主要表现——咳嗽，当然也会明显增多。

预防呼吸道感染很好的方法之一，就是从夏天开始每天定时带孩子出去接受逐渐变凉的空气刺激，这样才能保证呼吸道很好地适应冷空气，减少呼吸道感染的机会。当然，遇上雾霾严重的天气，孩子只能在室内活动了。

呼吸道为开放器官，病菌进出自由。婴幼儿免疫系统正在发育中，遇到病菌进入会出现咳嗽等呼吸道症状。只有病菌多次对呼吸道进行刺激，呼吸道局部和全身免疫状况才会成熟。当然，免疫系统成熟过程中不会出现婴幼儿身体健康的严重受损，所以疾病严重时才需用药物。对于轻度症状，可以观察。

引起咳嗽的原因很多，如果不是过敏原因所致，咳嗽期间只要孩子能够接受的食物都可食用。如果食入某些食物后，症状加重，很可能与食物过敏有关。对于“过敏性鼻炎、哮喘”等过敏引起的咳嗽，就应从过敏角度治疗和预防。首先，通过生活环境，借助血液过敏原检测，寻找过敏原；再有，在医生指导下，使用预防哮喘的药物，比如顺尔宁、普米克令舒等；遇到过敏引起的咳嗽发作，及时正确地使用抗过敏（开瑞坦、仙特明等）和解除支气管痉挛（沙丁胺醇等）药物。注意：使用药物的种类和剂量必须遵循医嘱！

为何小宝宝也会感冒？

妈妈在怀孕期间通过胎盘传给胎儿很多抗体，这些抗体会在宝宝体内留存6个月左右，所以一般说来，孩子出生后6个月内确实不爱生病。但是妈妈传来的抗体种类和妈妈曾遇到过的感染有关，引起感冒的病毒有上千种之多，妈妈不可能全部感染过，对所有的病毒都产生抗体。因此，6个月内的小宝宝仍然有可能患感冒等感染性疾病。

亲吻孩子前要做好清洁

成年人对抗疾病的能力较强，很多时候即使接触到了病菌也不会发病。但是，存在于成人口、鼻、咽内的病菌会对家中的宝宝造成一定威胁。很多家长回家后，洗完手、换完衣服后就去亲孩子，殊不知，在与宝宝近距离接触时，通过呼吸就可将自己口、鼻、咽内的病菌直接传给宝宝。因此，宝宝躲在家中也可能患上外界流行病。为了避免与宝宝近距离接触造成的交叉感染，外出回家后不仅要洗手、换衣服，还要用淡盐水漱口和清理咽部、清洗鼻腔。

小儿感冒

感冒是一组症状组合，包括流涕、喷嚏、咳嗽、发热等，又称为上感，即上呼吸道感染，主要由病毒所致。平日提及的感冒分普通感冒和流行性感冒。

普通感冒

普通感冒是鼻咽部发炎，可以出现流涕、鼻塞、喷嚏、咳嗽、咽痒或咽痛等症状，可以伴有发热。感冒本身是自限性疾病，发病急期一般在 3～5 天，病程在 5～7 天。建议家长可以在保持孩子相对舒适的前提下在家观察，耐心“等待”，自会痊愈。

在家观察期间，要尽可能保证鼻子通畅。如果孩子鼻塞，可用温热毛巾敷鼻，严重时可用不含麻黄素的滴鼻液。对可接受口含片的孩子，可通过含片缓解咽部不适。生活护理方面，尽可能保证液体（包括奶在内）的摄入。要多休息，保证婴儿正常排尿和排便；多饮白水清洁咽部，避免继发感染。只要护理得当，感冒就会逐渐好转、痊愈。护理感冒的孩子时，家长需要有耐心。

是否需要给孩子用药，主要依据感冒症状的轻重。要以不用药、少用药、局部用药、口服药物这种顺序的思路去考虑。如考虑治疗，可由医生确定病情状况。此间的治疗主要是对症，控制体温不要超过 38.5℃，可以根据孩子年龄选用一定药物。对 2 岁以内婴幼儿尽可能不用药；对 2 岁以后儿童可慎用惠菲宁等药物。注意药物治疗应建立在液体摄入量充足的基础上。所谓的感冒药不是杀灭引起感冒的病毒或细菌的药物，而是缓解感冒时人体出现的一些不适，

季节变化时，能给孩子喝点感冒冲剂预防感冒吗？

换季时不能给孩子服用中药或西药、维生素C等预防感冒。同样，也没有预防感冒的食物或药物。换季时之所以感冒的儿童增多，是因为换季时气温不稳定，家长往往给孩子穿着过多。孩子玩耍出汗后，被风一吹即容易着凉、感冒。加上孩子们在幼儿园内密切接触又可增加互相传播感冒的机会。

孩子受凉流清鼻涕，是不是发热的前兆？

受凉后出现流涕说明出现了感冒。感冒并不一定会发热。家长如果能够保证孩子的液体摄入量，甚至可以避免发热的出现。所以，流涕不能认为是发热的先兆。

包括头痛、头晕、鼻塞、咽痛、咳嗽等，通过缓解症状来安慰家长。因此，没有必要给孩子服用过多药物，更没有必要服用抗生素。更多的药物不仅不能缩短病程，反而会增加药物对婴儿的损伤。

医院内病人较多，病情复杂，非常容易出现交叉感染，如无必要，不要轻易带孩子去医院。但是在孩子精神状况明显不佳时，要立即到医院就诊。

流行性感冒

流行性感冒是一种传染病。流感是由流感病毒引起的，可通过咳嗽、打喷嚏、流涕过程中的飞沫传给他人。任何人均可患流感，儿童、老人、孕妇和慢性病患者为易感人群。症状一般持续几天，包括：发热、咽喉痛、肌肉痛、疲惫、咳嗽、头痛、流涕和鼻塞等。流行性感冒的症状比普通感冒重。

另外，每年在天气逐渐变凉时，要给孩子接种流感疫苗。理论上讲，6个月及以上人群都是接种对象。最好在疫苗一上市（9月底或10月初）就接种，家有孩子的大人也应该接种流感疫苗。（关于流感疫苗的接种，详见《崔玉涛图解家庭育儿6（口袋版）：小儿疫苗接种》。）

疱疹性咽峡炎

病因：病毒引起

表现：急性发热和咽峡部疱疹溃疡

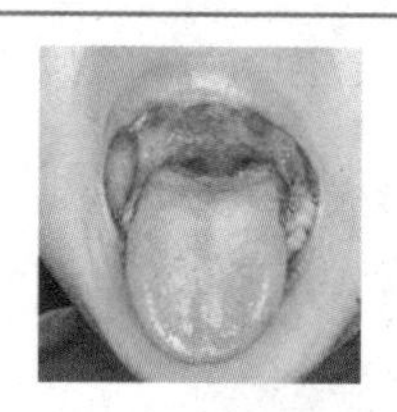

潜伏期：3~5天

病程：2周

传播期：2周

疱疹期—高烧阶段—水疱破溃—体温降低—溃疡期—完全恢复

传播途径

- 飞沫
- 唾液
- 口腔接触

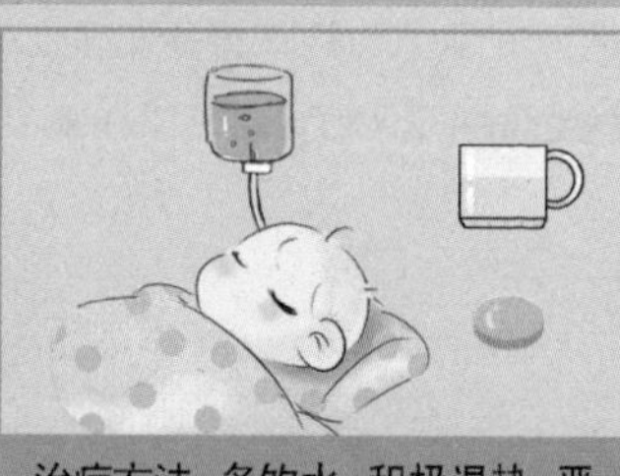

治疗方法：多饮水，积极退热；严重时可考虑静脉补液；可服含片以减轻局部疼痛。

疱疹性咽峡炎

疱疹性咽峡炎是由一种肠道病毒引起的（肠道病毒分很多种，如埃柯病毒、柯萨奇病毒等）。大家都知道手足口病，其实手足口病和疱疹性咽峡炎是由同一类病毒造成的，但表现不完全相同，仅咽喉部分有疱就是疱疹性咽峡炎，手脚也有疱，是手足口病。

这类病毒传播极快，人体出现的反应强烈，病毒一来就会高烧，烧到39℃~40℃，所以有的家长发现孩子上午状态还很好，下午便开始无精打采，突然就发起高烧。疱疹性咽峡炎病毒复制期一般3~5天，到后期病毒不再增生，到最后病毒自然在体内衰败，病情好转。像这种一定时间后会自然消失的疾病，我们叫它自愈性疾病。

疱疹性咽峡炎是典型的病毒性上呼吸道感染。症状是初期发热3~5天，同时口咽部会出现许多小红疱，发热停止后出现破溃。从医学角度看，这时病情开始好转，但咽部小疱破溃后形成溃疡，会剧烈疼痛。在孩子身上的表现是，嗓子刚开始是水疱，是水疱的时候还不觉得疼，接着是高烧，高烧的时候，孩子不觉得特别疼，直到退烧后还能吃喝，但是等到不发烧之后，疱破了到了溃疡期，孩子反而拒绝吃饭，甚至拒绝吃奶和喝水，有的还流口水，哭闹，因为此时孩子疼痛非常严重。这样的情况持续3~5天就会完全好转。

整个过程就是由开始的疱疹（水疱期）到高烧阶段，再到后来水疱破后的溃疡期，一般体温是低烧或者退了，到最后完全恢复。对孩子来说最难受的几

崔大夫，孩子疱疹性咽峡炎，现在已经烧退了，可以去幼儿园吗？不会传染给别的小朋友吧？

疱疹性咽峡炎的传染期是从潜伏期开始一直到完全恢复。孩子退烧后，虽然体内有抗体了，但是因为疱破了，很可能还会扩散给其他人。

这种病得过一次以后还会重复得吗？

引起这种病的是一组病毒，而不是某一种病毒，这次感染的是这种病毒，下次可能是另外一种，所以有可能重复得。但是，人体对这组病毒会有交叉免疫，因此反复得的机会不是太多，但绝对不是说不会反复得。

天就是快痊愈的那几天，即溃疡期。这样一来，到痊愈基本上是两周的时间，所以整个病程是两周。

对疱疹性咽峡炎的治疗主要是多喝水，严重时可考虑补液和退烧，很少开中成药。让孩子多喝水，孩子不愿喝可以喝适量凉开水。因为孩子口腔里有创面，细菌停留在这里可能会繁殖，黏膜破了之后会渗出来一些液体，对细菌来说是有营养的，喝凉开水第一有镇痛的作用，第二是可以把创面给冲刷干净，利于恢复，还可以吃点含片以减轻局部的疼痛。

疱疹性咽峡炎通过飞沫、唾液、口腔接触传播，从潜伏期开始，一直到完全恢复都具有传染性，因此疱破了以后，虽然有抗体了，但是很可能还会扩散给其他人。

为什么邻居的宝宝比我们晚得，还比我们康复早呢？因为：

没有用抗生素

护理正确

坚持少用药

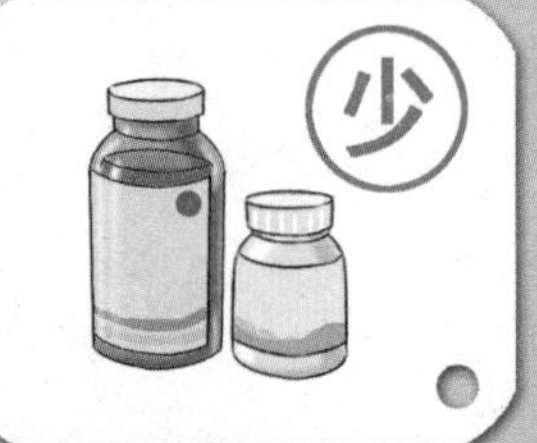

所以才能好得更快

这是我们对待疱疹性咽峡炎和手足口病的原则。

手足口病

提起手足口病，家长们都很担心。此病全年均可发作，但好发于夏秋季节，托幼机构为重灾区。

此病发病前孩子有接触史，潜伏期一般 2 ~ 7 天。主要表现为口腔、手、足等部位黏膜、皮肤出现红疹及小泡样损害，可伴有发热、咳嗽、流涕等症状。绝大多数预后良好。

手足口病早期就是普通感冒的表现，一般的化验检查没有办法确诊，手、足、口、咽部出现红点才能基本确定诊断。家长应该初步判断孩子的病情轻重，如果孩子精神好，即使高热也不是重症的表现，如果精神差，说明病情较重。

此病大多数患者都是轻症，与普通上呼吸道感染过程相同，病程 5 ~ 7 天。家长不要为“手足口病”这个词而惊慌。生病时，家长主要关注孩子的一般状况。若退热后精神状况差（异常烦躁或异常安静），家长应及时带孩子到医院就诊。

手足口病是典型的病毒感染，抗生素没办法杀灭病毒，所以使用抗生素没有治疗效果。孩子患此病后，主要是支持疗法，退热、多饮水、按时排便等。如果孩子没有特别的严重症状，可以在家观察和护理，尽可能避免不必要的交叉感染。

患有手足口病、疱疹性咽峡炎或其他咽部感染时，孩子肯定出现进食、进

手足口病如何防治？

1. 手足口病是在发热的基础上，手、脚、口和肛门周围出现皮疹的一种疾病。

2. 如果没有明显的其他脏器的损伤，不需特别用药来针对手足口病，常规的护理治疗即可。

3. 如果没有并发症的话，时间在5～7天，因此不需要特别惧怕。

4. 手足口病不是从手传播的，因此洗干净手或者打扫干净家里并不能预防。

不论是手足口病还是其他的病毒感染，其潜伏期都在1周，传染期在2～3周，建议患有病毒感染疾病孩子的家长，在孩子生病开始后两三周内最好不要带他与其他孩子接触，避免交叉感染。其实，消毒并不能避免这些感染，因为这些感染是呼吸道传播性疾病，飞沫是传染的最重要来源。

水困难。为鼓励孩子多进液体，可提供果汁、奶或白水。但从清理口咽部、预防咽部继发感染角度来说，只有白水可以取得清洁口咽部的效果。如进食果汁后不喝两三口白水，果汁中的糖分会附着于损伤的咽部，更容易出现继发细菌感染。

疱疹性咽峡炎和手足口病都属于疱疹病毒感染的常见疾病，目前尚无办法真正预防。传染源是携带病毒的成人或儿童。很多时候，大人感到咽喉不适，就可能是疱疹病毒感染。成人抗病能力强，虽自身不会发病，但是“亲吻”孩子或与孩子玩耍时，就可能将病毒传给孩子。咽部不适时，一定先用淡盐水漱口咽部，再接触孩子。

轻型手足口病与普通感冒没有差别，家长不必恐慌。只要医生检查确定为轻型，控制体温不超过 38.5℃，对症使用一些针对咳嗽、流涕的药物，多饮水，然后耐心等待 3～5 天。即使积极采取输液等治疗，整个病程同样也是 3～5 天。

在所有引起手足口病的病毒中，只有 EV71 感染相对严重，目前没有疫苗可以预防，但发生概率很低。为能早期确定是否为 EV71 所致，可于发热 24 小时之后，抽血进行 EV71-IgM 抗体快速检测，1～2 小时即可得知结果，但绝大多数患儿都是非 EV71 所致，家长可不必过于担心。

A、B两个小朋友都
得了手足口病。

A 小朋友的家长立即打电话到幼儿园，通知老师孩子的疾病诊断，同时希望老师提醒其他家长。

B 小朋友的家长不想接受手足口病的诊断，理由是怕别人或幼儿园知道。

预防集体生活儿童的传染病，
应该从每个家庭做起。

手足口病会发展到很严重的程度吗？
病毒
手足口病本身比疱疹性咽峡炎厉害，程度严重，但是绝大多数都是一个病毒感染的过程。
细菌
脑膜炎
我们看到的很多重症病例，是因为早期没有很好地控制病程，最后转化成了细菌感染，甚至发展到脑膜炎。
早期家庭护理，遇到不可解释情况及时就诊。

咳嗽高烧容易引起肺炎吗？

咳嗽、高热有可能是肺炎的表现，也有可能是其他呼吸道感染的表现。

遇到孩子出现咳嗽、高热时，通过医生检查可以判断是否由肺炎引起。

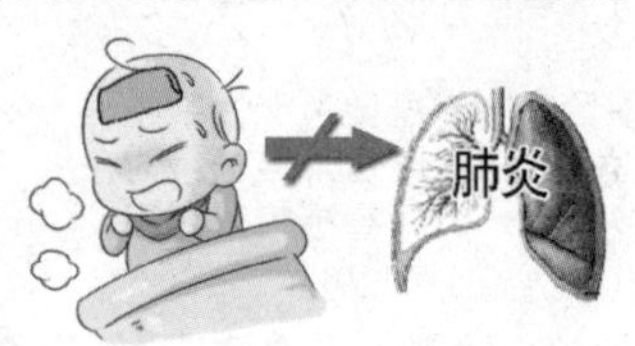

千万不要认为咳嗽、高热可引起肺炎。

咳嗽就是人体排出废物的有效生理现象。

X光片只是肺纹理略粗，也是肺炎吗？
X光片仅肺纹理略粗，不能诊断为肺炎。同样，也不是使用抗生素的指征。

小儿肺炎

肺炎是指终末气道、肺泡和肺间质的炎症，由病原微生物（细菌、病毒或支原体等）、理化因素（羊水吸入、呛奶等）、免疫损伤（狼疮等）、过敏或药物所致。临床表现主要有发烧、咳嗽、多痰、胸痛等，重者呼吸急促、呼吸困难。幼儿且免疫功能低下或先天性心脏病者，易患较严重肺炎。

肺炎的主要症状是发热、咳嗽等；反过来，发热、咳嗽不一定是肺炎。呼吸道任何部位的炎症都会出现发热、咳嗽，只有通过医生检查才能确定出现发热、咳嗽时是否是因肺炎所致。千万不要认为发热、咳嗽可导致肺炎，把肺炎扩大化，从而导致过度用药，特别是滥用抗生素。

对于幼儿，引起肺炎的主要原因是细菌、病毒或支原体感染。目前对于肺炎的诊断不够严谨，胸片上只要有点阴影，听诊时只要有点异常声音，就容易被诊断为肺炎。很多人认为胸部 X 光检测到肺部出现浸润现象即是诊断肺炎的黄金标准，此外由于患肺炎时肺内渗出物在呼吸过程中与进出肺内的气体之间出现摩擦声音，因此医生也会根据听到的这种特殊声音“罗音”，进行初步诊断。对于肺炎来说，除了呼吸道症状外，还应该配合胸部 X 光检测结果及病原学检测结果确诊。

肺炎治疗过程中，除了针对病因的抗感染治疗外，呼吸道局部治疗非常重要。呼吸道局部治疗指的是雾化吸入，雾化吸入盐水、化痰药或止喘药，都可帮助呼吸道抵御病菌、排出废物、改善功能。

肺炎和支气管炎哪种严重？

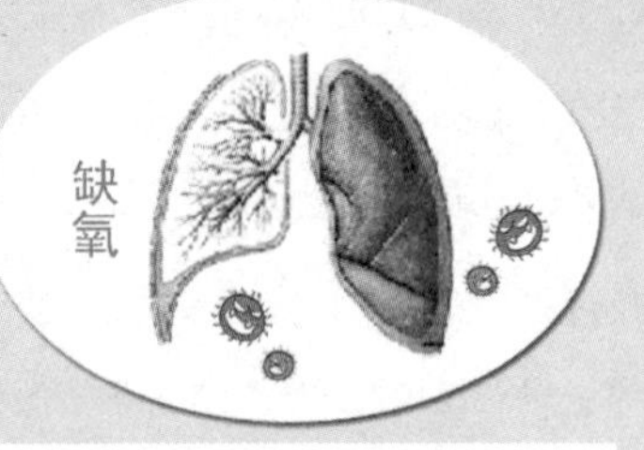

肺炎，指的是肺泡内的炎症渗出，可影响氧气在肺内交换，严重者出现缺氧。

气管炎，特别是支气管炎可影响气体进出呼吸系统，严重者表现为呼吸困难。

所以，重症肺炎和重症支气管炎都很重，轻症肺炎和轻症支气管炎都很轻。

评价病情轻重，不是依据病名，而是依据程度。

肺炎是否具有传染性与引起肺炎的原因有关，与肺炎严重程度没有直接关系。预防接种中，B 型嗜血流感杆菌和 7 价肺炎球菌疫苗都是针对引起肺炎的两类主要细菌的。正常婴幼儿即使患上肺炎，病情一般不重；但本身为早产、患有先天性心脏病或其他慢性病者，患上肺炎后病情往往较重。

很多家长听说孩子得了肺炎就非常焦急，要求赶紧输液、住院。实际上，应先判断病情程度，比如是否出现缺氧症状（面部发紫、呼吸费力、精神差等），临床表现远远重要于辅助检查。

在呼吸道疾病中，肺炎属于解剖部位最深的一种，但并不意味着是病情最重的一种。病情的轻重依据孩子的临床表现，也就是依据对儿童生理功能影响的程度而定，不要谈肺炎色变。患急性喉炎、毛细支气管炎时，病情往往比肺炎还重。肺炎属于急性问题，治愈后可完全好转。

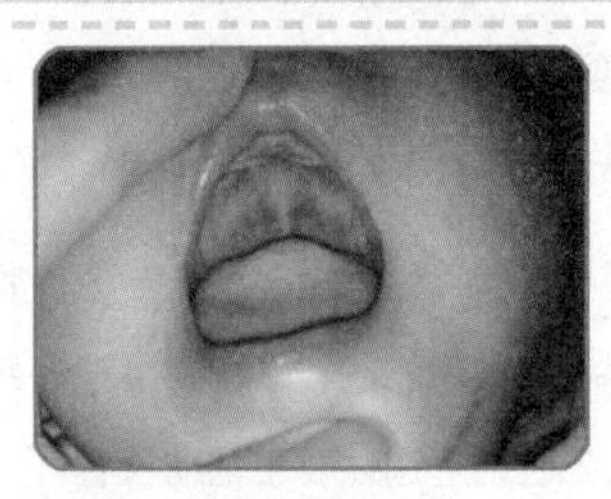

原因： 白色念珠菌侵犯口腔

症状： 口腔内黏膜上覆盖着乳白色附着物

治疗鹅口疮重点：

1. 正常清洁（而不是过于清洁）的生活方式

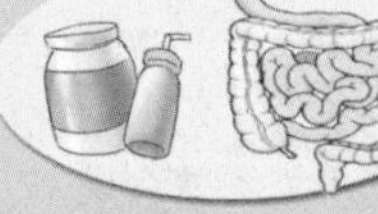

2. 调整肠道正常菌群，服用活菌制剂

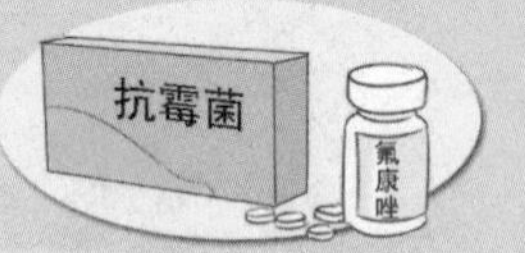

3. 使用抗霉菌药，若制霉菌素效果不好可用氟康唑（由医生开处方）

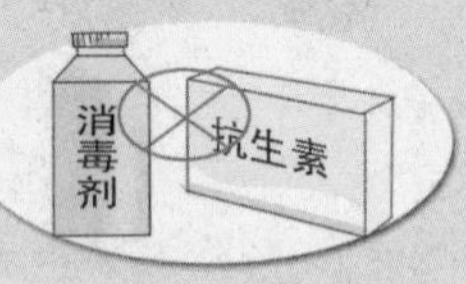

4. 不用消毒剂，慎用抗生素

鹅口疮

鹅口疮指的是口腔内黏膜上覆盖的乳白色附着物。引起鹅口疮的原因是白色念珠菌，它是一种霉菌，不仅侵犯口腔，还会侵犯整个消化道，引起腹泻。同时，白色念珠菌又属机会感染菌，终身存在于人体消化道内，是否导致生病与消化道内正常菌群有关。

鹅口疮本应常见于早期新生儿，因为早期新生儿的肠道菌群尚未建立，现在还多见于几个月的婴儿，是因为生活环境太过于干净，阻碍了肠道正常菌群的建立。出现鹅口疮，说明婴儿消化道正常菌群建立延迟，给白色念珠菌营造了繁殖机会。

新生儿出生后，环境中的细菌和霉菌逐渐随着吃奶、接触等动作进入婴儿体内。绝大多数婴儿不会出现霉菌感染。自然环境中，霉菌的天敌是细菌，因此造成白色念珠菌感染的基础不是太脏了——细菌太多，而是太干净了——细菌太少。

如果母乳喂养前妈妈用消毒巾擦拭乳头，或者用过于干净的配方奶喂养孩子，就容易导致进入孩子体内的细菌过少，霉菌大量繁殖。另外，家庭过于干净，所有婴儿用品和奶瓶都消毒了，孩子接受正常细菌的机会减少，自然消化道内就会出现霉菌感染，出现鹅口疮。口腔内是鹅口疮，其实在肠道内同样也有表现。

每个人的消化道内都存有霉菌，平日之所以不会引起疾病是因为肠道内正

平时家里特别注意卫生，宝宝的日用品和奶瓶也都消毒了，怎么还会得鹅口疮？
病从口入？

细菌性胃肠炎是食入“脏东西”所致，可以应验“病从口入”这个道理，但鹅口疮却并非如此，因为过于干净，孩子接受正常细菌的机会减少，自然消化道内就会出现霉菌感染，进而出现鹅口疮。

所以，环境太干净对孩子未必有利！

常菌群对其有生物学抑制。抗生素或消毒剂滥用、过于干净养育婴儿等可造成肠道菌群失调，就会出现鹅口疮等霉菌感染。

发现孩子患有鹅口疮，可以在患处涂上“制霉菌素”消灭白色念珠菌，更重要的是同时给孩子服用益生菌制剂，调整并恢复肠道正常菌群，以及恢复孩子正常的生活环境。绝对不能试图给孩子人为地去除白色附着物，否则容易造成舌面（包括味蕾）的损伤。

制霉菌素可以暂时抑制口腔黏膜上霉菌的生长，但要真正调整肠道状况只有依赖益生菌。

另外，日常生活中注意母乳喂养前用温毛巾擦乳头即可，不要对乳头消毒；婴儿奶瓶等只需清洗后，热水烫或蒸一下即可；不要对婴儿用品过度消毒，特别不要用化学消毒剂消毒，平时家长用清水擦洗即可，千万不要使用消毒剂。消毒剂不是为普通家庭准备的，过于干净不是好事！

好发季节：秋冬

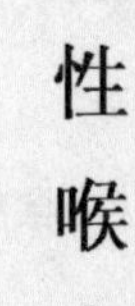

病情初期：不同程度的咳嗽、流涕、发热等呼吸道感染症状

典型症状：喉部充血水肿、发热、高热的同时出现剧烈“犬吠样”咳嗽

好发时间：半夜

病程：急性期为3天，整个病程为3~5天，不会超过7天

家长应对：遇到“犬吠样”咳嗽时，应立即看儿科急诊。

去医院的路上

首先给孩子穿暖

要打开车窗，让孩子尽可能吸凉空气

因为凉空气可以部分缓解喉部水肿，减轻病痛，缓解部分呼吸困难。

急性喉炎

急性喉炎也是秋冬季幼儿常见疾病，属于上呼吸道感染，绝大多数由病毒（有时是细菌）进入口咽后感染喉部所致，好发于 1～3 岁的婴儿。病情初期可有不同程度的咳嗽、流涕、发热等呼吸道感染症状，典型的症状是喉部充血水肿、发热、高热并伴有剧烈“犬吠样”咳嗽。

理论上讲，作为普通上感，3～5 天可自行缓解；但实际上，由于感染部位特殊，孩子会因喉部急性充血性水肿，导致呼吸费劲，甚至呼吸困难，严重时甚至会对生命造成威胁，所以急性喉炎属儿科急症。

急性喉炎多于半夜发作，孩子会在晚上睡觉后几小时突然严重咳嗽，并伴有上气道梗阻——吸气性呼吸困难。“犬吠样”咳嗽是形容喉部梗阻性咳嗽的形象化比喻，遇到孩子出现“犬吠样”咳嗽时，应立即看儿科急诊。激烈咳嗽往往夜间比较严重，去医院的路上，首先给孩子穿暖，特别要注意的是，要打开车窗，让孩子尽可能吸凉空气，因为凉空气可以部分缓解喉部水肿，减轻病痛，缓解部分呼吸困难。

急性喉炎是典型的病毒感染，急性期约 3 天。根据病情，可考虑使用静脉或肌肉注射、口服或雾化吸入激素治疗。抗生素治疗起不到明显效果，激素才是急性喉炎的救急治疗药物。家长不要惧怕激素，这时激素是可以救命的药物。它可以缓解喉部水肿，保证呼吸通畅。医院内救急治疗后，多半还要在家给孩子口服或吸入不超过 3 天的激素。因为一般使用不长于 3 天，所以也不会

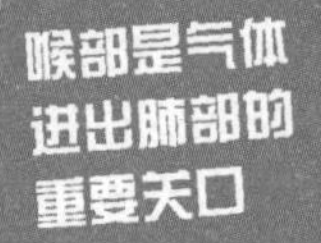

在受到病菌感染后它容易发生肿胀。

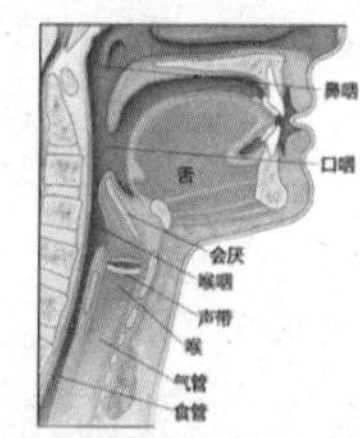

小儿喉部狭窄，感染后发生肿胀则更为狭窄。

人体发音的声带也位于喉部。

当局部肿胀时，声带不能很好完成发声动作，就会听到孩子的声音嘶哑。

喉部病变刺激孩子咳嗽，加上局部狭窄不能很好发声，所以患有急性喉炎的孩子会发出特殊的“犬吠样”咳嗽。

出现大家所了解的激素副作用。

急性喉炎的病情不会超过7天，整个病程为3～5天，急性期为3天。虽然来势凶猛，但好转也很快。发作时需要家长镇静，配合医生治疗。特别是孩子第一次得喉炎时，比较吓人，只要度过急性期（<3天），其他与上呼吸道感染没有分别，积极治疗会很快痊愈。

急性喉炎有可能会多次发生，每次处理方法都相同。只要能够预防上呼吸道感染，就能预防急性喉炎的发生。由于预防上呼吸道感染并不是一件容易之事，所以急性喉炎有可能再次出现。虽然没有科学研究显示，但一般5岁以后急性喉炎的发生就会明显减少，即使发生，出现梗阻性咳嗽的机会也极少。

幼儿急疹

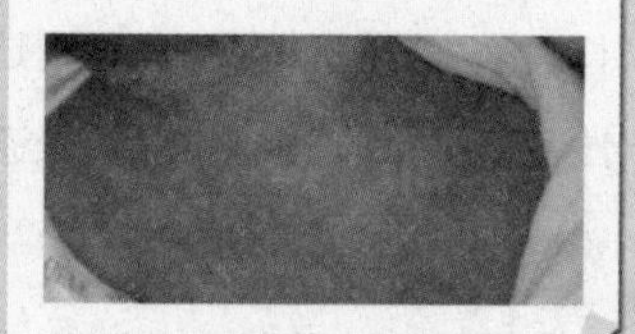

1. 幼儿急疹属上呼吸道感染，以高热起步，3天后退热时出皮疹，遍布全身，再持续3天消退。

2. 幼儿急疹很难预防。

3. 幼儿急疹整个过程不会给孩子造成严重损伤，也不会遗留后遗问题。

后遗症⊗

4. 此病不属于传染病，无交叉感染。

5. 病毒是感染原因，不需使用抗生素。

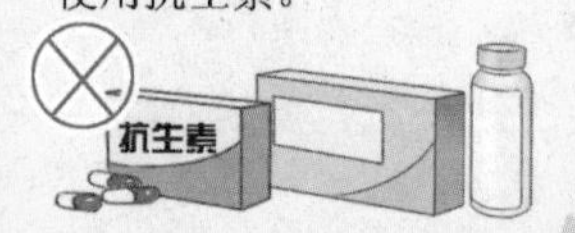

判断疹子是否严重的简易方法：

1. 高热同时出疹相对较重，如猩红热、麻疹、风疹、水痘、川崎病等；
2. 热退后出疹相对轻，如幼儿急疹、一些病毒感染后；
3. 伴痒疹子可能与过敏有关，如荨麻疹、痱子、药疹，多有诱因；
4. 压之不褪色的紫红色疹子较重，如过敏性紫癜、血小板减少性紫癜。

幼儿急疹

孩子出生后第一次高热有可能是幼儿急疹。

幼儿急疹是病毒引起的一种上呼吸道感染，由人类疱疹病毒 6、7 型感染引起，其特点是先高热（体温 > 38.5℃，甚至可达 40℃），发热期 3 ~ 5 天，多不伴有其他明显呼吸道表现，大约 3 天后体温骤降，同时全身出现充血性粟粒疹，很快疹子遍及全身多处部位，没有明显痒感，再过3天，皮疹自行消退，病愈后皮肤及全身不留任何痕迹和后遗现象。

由于幼儿急疹的确诊都是马后炮，没有特异性实验室检查，现只能依据年龄小、多为第一次发热、发热时只伴极轻微的呼吸道症状等进行初步估计，最后依据“热退疹出”而确诊。注意是“热退疹出”，而不是“热起疹出”。

发热时出疹可能是麻疹、猩红热、风疹、水痘等传染病，也可能是发热时用药引起的药疹等。因为目前没有客观检查可及早确定幼儿急疹，所以在初期高热时有可能被诊断为其他病症，比如咽炎等，但这并不属于误诊。只要没有滥用抗生素等药物，初期是何诊断并无大碍。

虽然很多朋友都知道“幼儿急疹”是高热后出疹子的一种常见病，此病不留后遗症，但是，孩子高热时，家长还是非常担心。在此，建议诸位家长，在发热早期一定要沉着，若孩子仅是高热，没有明显的咳嗽、腹泻等症状，还是应在家观察，保持体温不高于 38.5℃、多饮水、尽可能多进食以外，保证排尿和排便正常。除此之外，没有其他方法治疗。

崔医生，幼儿急疹会传染么？

幼儿急疹是病毒引起的上呼吸道感染的一种，不是传染病，不必害怕，当成上感对待即可。

病毒感染的话，感染源通常是什么呢？

幼儿急疹是通过呼吸道传播的病毒感染所致。

幼儿急疹和其他疹子怎么区别？

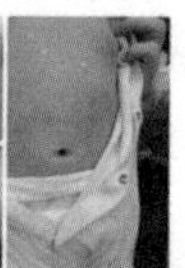

幼儿急疹的特点：

高热3天 → 体温基本降至正常 → 开始出疹 → 持续3天

水痘、麻疹、猩红热、风疹、川崎病等都是发热时出疹。

对于“热退疹出”的现象，就应考虑为幼儿急疹。
如果是药疹，首先应该有明确用药的历史。

幼儿急疹往往是婴幼儿第一次发烧，家长虽着急，但也只有等待。孩子在高热期间可用退热剂，出疹期间不需用药，可以洗澡、出门、正常饮食等，生活不受干扰。家长切记，出疹期间不需使用任何药物，特别不应使用抗生素！只有发热时出疹必须带孩子到医院看医生。

家长都知道幼儿急疹是绝大多数幼儿都会患的一种疾病，于是孩子得过此病，家长如获重释，而未患过的则担忧恐慌。担忧孩子随时会高热，出疹，恐慌为何目前还未患病，担忧这是否说明孩子免疫不正常。其实，此病就是一种病毒感染，只因特殊过程才有着特殊称呼，是否得过此病无任何特殊含义。

耳朵里有响声，不伴疼痛，很可能是耳石所致。

妈妈，耳朵总
是响，好难受！

疼不疼？
不疼。

3～5
天

若是耳石，可先滴软化耳石的滴耳液3～5天。

然后到医院取出已软化的耳石。如果不提前软化，取耳石过程会非常疼痛。

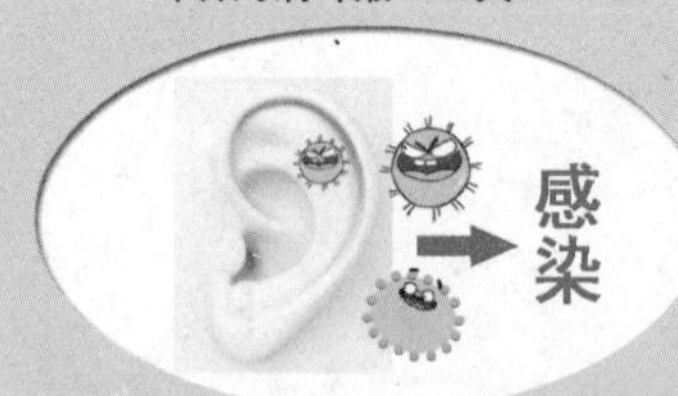
感
染

耳石的形成，与耳道正常分泌物有关，也与曾经的耳部感染有关。

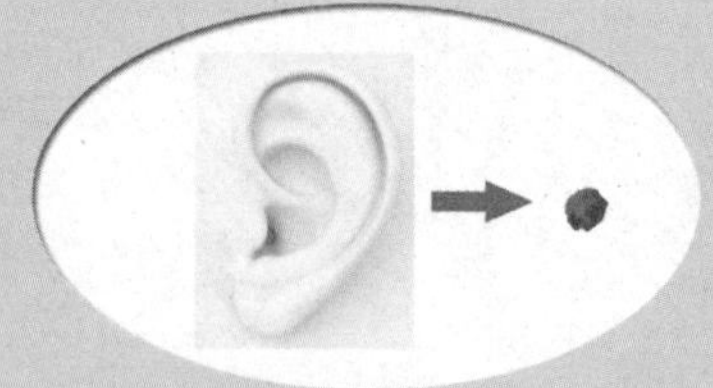

如取出的耳石为深褐色，是脓血性分泌物的干痂，说明孩子曾患过中耳炎。

中耳炎

中耳炎为婴幼儿常见呼吸道感染之一，多为细菌感染。家长在家没有办法直接观察孩子耳内状况，所以耳温测量可成为判断婴幼儿是否患有中耳炎的简易方法。同样的体温计，同样的手法，分别测量双侧耳温，如果相差 0.5℃以上，应该考虑温度偏高侧出现中耳炎。温度高的一侧往往就是感染侧。

另外，在洗澡、游泳时难免造成孩子耳廓部着水，水是否能够进到外耳道深部，与护理的方法有关。使用松软的棉球置于外耳道数分钟，可将耳廓、外耳道的水吸到棉球；使用棉签清理则有可能将一些水引入外耳道深部。如果发现液体由外耳道深部流出，而且带有异味，尽早带孩子到医院检查，排除中耳炎。

如怀疑患有中耳炎，家长最好带孩子去看儿童耳鼻喉科医生，医生可以进行详尽的检查。目前，医院的儿内科医生没有耳镜，无法进行局部检查。若诊断为中耳炎，医生会根据情况给予抗生素滴耳液、口服抗生素或通过其他途径应用抗生素。

患有中耳炎的婴幼儿，在完成抗生素治疗后，应该找医生复诊。

使用滴耳液的方法：

1. 让孩子将头歪向一边或侧卧床上，将耳廓向下和向后拉伸以打开耳道；

2. 按医生指定的滴数，将药液滴进耳内，并用手指轻轻按压耳屏 3 ~ 5 次，帮助药液流入耳内。

小婴儿泌尿系统的生理结构使得他比成年人更容易出现尿路感染：
①尿路感染表现出来的最明显症状是发烧，这让很多父母误认为宝宝只是感冒，所以要多了解尿路感染的表现。
②清洗男孩、女孩私处时要掌握重点。
③尿路感染不一定要使用抗生素治疗，大部分宝宝多喝水、多排尿即可，必要的时候医生才会建议给宝宝用抗生素。

尿路感染

尿路感染是由于细菌侵入尿路而引起的。事实上，对宝宝来说，发生泌尿道感染的概率不低，尿路感染占儿童泌尿系统疾病的 8.5%，居第四位。由此可见，爸爸妈妈需要提高对尿路感染的预防。

任何年龄的宝宝都可能患尿路感染，2 岁以下宝宝发病率尤高。通常，女宝宝发病率为男宝宝的 3 ~ 4 倍。

尿路感染的高发期在 6 ~ 8 月，对大部分宝宝来说，不明原因的发烧可能是唯一的症状。在只出现发烧而没有其他症状的宝宝中，大约 5% 发生尿路感染。其实宝宝尿路感染也有尿频、尿急、尿痛的症状，只不过他们无法用语言表达出来。如果能仔细观察宝宝，家长还是可以发现一些蛛丝马迹：

· 宝宝经常哭闹、不吃奶、烦躁不安，出现这些情况可能就是尿道内不适、疼痛的表现；

· 宝宝的尿布需要不断更换，而每次排尿量却不多，可能是尿频尿急的表现；

· 宝宝的会阴常见有尿布疹、尿布有臭味等，都可能是尿路有感染的特征。

婴儿的尿路感染会沿尿液逆行，对肾脏造成感染；即使较大的孩子，如果尿路感染迟迟未能对症治疗，有时也会上行演变成肾小球肾炎、肾盂肾炎、肾

男孩私处的清洁方法：

第1步

宝宝大便后首先要把肛门周围擦干净。把柔软的小毛巾用温水沾湿，擦干净肛门周围的脏东西。

第2步

如果发现宝宝的阴茎被粪便污染，可先用清水冲洗。如果仍然存有污物，可用手把阴茎扶直，轻轻擦拭根部和里面容易藏污纳垢的地方，但不要太用力。可以把小毛巾叠成小方块，然后用折叠的边缘横着擦拭。

第3步

阴囊表皮的皱褶里也是很容易积聚污垢的，妈妈可以用手指轻轻地将皱褶展开后擦拭，等完全晾干后再换上干净、透气的尿布。

包皮和龟头清洗：

宝宝3～5岁前都不必刻意清洗包皮，因为这时宝宝的包皮和龟头还长在一起，过早地翻动柔嫩的包皮会伤害宝宝的生殖器。当看到包皮逐渐与龟头分离时，可以隔几天清洗一次，但要在宝宝情绪稳定的时候。清洗时，用右手的拇指和食指轻轻捏着阴茎的中段，朝孩子腹壁方向轻柔地向后推包皮，让龟头和冠状沟完全露出来，再轻轻地用温水清洗。洗后要注意把包皮回复原位。如果有白色粘性物——包皮垢，可用棉签浸满橄榄油涂抹，几分钟后再用浸满油的棉签去除。

脓疡等。虽然，这些严重疾病出现的几率不高，但提醒大家，还是要及早发现宝宝的尿路感染。如果发现宝宝总是抗拒排尿、排尿时有哭闹的表现时，或者宝宝的会阴常见有尿布疹、尿布有臭味时要带他去看医生。

为什么宝宝容易得尿路感染？

和成人相比，宝宝更容易得尿路感染，尤其是小婴儿，这与宝宝自身的生理特点密切相关：

1. 小宝宝需要经常使用尿布，又不能控制排尿、排便，尿道口常常受到粪便污染。特别是女孩尿道口较短，加之尿路免疫功能、膀胱防御机制较弱，容易使尿路发生上行感染。

2. 尿路的先天畸形，是身体各部位先天畸形中发生率较高的部位，如输尿管、膀胱、下尿道畸形等，都容易并发尿路感染，这是宝宝出现尿路感染的最大诱因。

3. 宝宝的身体尚未发育成熟，容易被病菌所侵扰，使用抗生素的几率大。如果滥用抗生素，就易使革兰氏阴性菌，特别是大肠杆菌占优势，破坏尿道周围的防御屏障，导致细菌侵入尿路引起感染。

4. 母亲妊娠期菌尿、出生后缺乏母乳喂养的宝宝，患尿路感染的可能性也会增加。

此外，还与宝宝的体质相关，如局部免疫功能、膀胱防御机制较弱也容易引起尿路感染。

女孩私处的清洁方法：

第1步

大便后用湿毛巾从前往后擦掉脏东西。也可以先用装入温水的喷雾器或茶壶从前往后冲洗，这样脏东西就容易被洗掉。

第2步

待局部自然干燥后，可用吹风机将局部吹干，再换上新的干燥尿布。

不要用湿毛巾等东西将小阴唇周围白色的“脏东西”擦掉。这些白色分泌物是一层非常好的保护膜。如果将这些保护膜擦去，特别容易造成局部黏膜污染，并不利于预防尿路感染。

有些家长将毛巾叠成细长条，然后在小阴唇的沟里滑动擦拭，这不是推荐的方法。

第3步

大腿根部的夹缝里也很容易粘有污垢，妈妈可以用一只手将夹缝拨开，然后用另一只手轻轻擦拭，等完全晾干后再穿上纸尿裤。

宝宝尿路感染怎么办？

· 发烧的护理。可采用物理降温（冷敷宝宝额头，或给宝宝做温水擦浴），当宝宝体温超过 38.5℃时，要按照医生的指导给他吃退烧药。

· 让宝宝多喝水。这是为了让宝宝的尿量增多，有利于冲洗尿道，不利于细菌生长繁殖，并且可以促进细菌毒素和炎性分泌物排出。多数宝宝通过多喝水、多排尿就可以使尿路感染的症状逐渐减轻。

· 要勤换尿布，而且保持宝宝会阴部清洁干燥。使用布制尿布时，需先用开水烫洗再晒干，或煮沸消毒。

· 宝宝需要使用抗生素时，一定要按医生指导的疗程服用。注意药物的副作用，口服抗生素可能会让宝宝出现恶心、呕吐、食欲减退等现象，所以最好在饭后服用，这样可以减轻胃肠道副作用。如果副作用仍明显，可遵照医嘱减量或更换其他药物。通常服药后，宝宝尿痛、尿急等症状会较快消失，尿化验也会逐渐正常，此时最重要的是仍需要按医嘱继续服药，不能看到宝宝没什么症状了就擅自停药，以免反复发作，导致慢性尿路感染。

· 正确清洗宝宝私处也是预防尿路感染的关键。

宝宝过敏和感染猩红热怎样区分？

过敏可能引起发热，但多是低热，很少出现高热；

猩红热是链球菌感染，出现高热的同时并发呼吸道表现，并出现中度样精神不振的表现。两者非常容易鉴别。

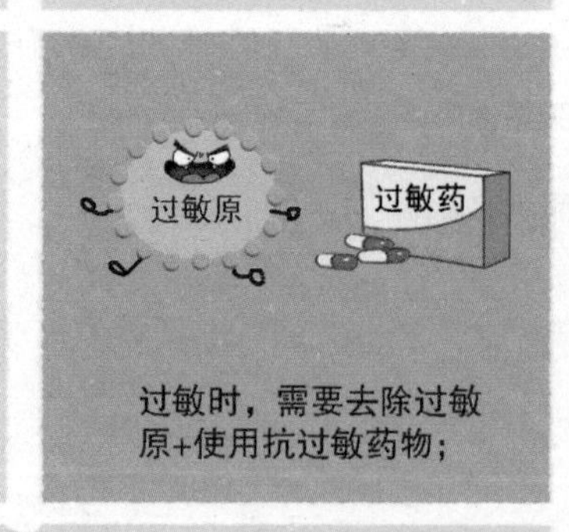

过敏时，需要去除过敏原+使用抗过敏药物；

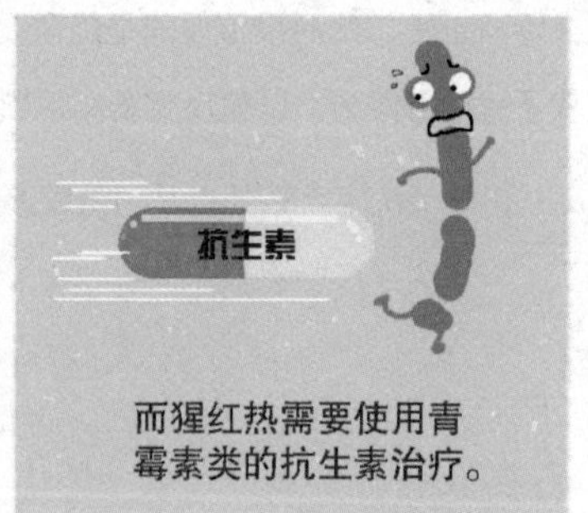

而猩红热需要使用青霉素类的抗生素治疗。

猩红热

“猩红热”是细菌（A 族溶血性链球菌）所致，是典型的通过呼吸道传播的疾病，属于传染病。目前尚无疫苗能主动预防。

猩红热的主要症状是发热和皮疹，发热多为持续高热，伴有寒战，发热一天左右出现皮疹，皮疹为猩红色。

A 族溶血性链球菌不仅可导致皮肤表现的猩红热，还可引起化脓性扁桃体炎、肾小球肾炎、风湿热等，但大家不必惊慌，青霉素能很有效地杀灭此种细菌，常选择“羟氨苄青霉素”，只是必须连用 7～10 天，一定不要短于 7 天，最好为 10 天。很多家长待孩子体温刚恢复正常就想停药，以减轻抗生素的副作用，这是一种错误认识。细菌感染时抗生素要用够时间，避免耐药菌产生。

猩红热和幼儿急疹的区别：

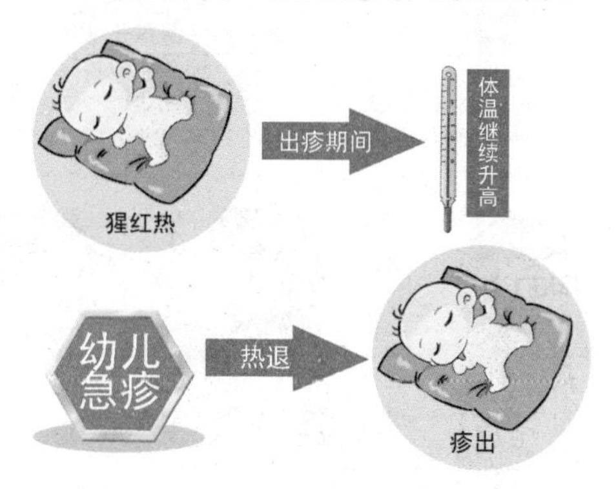

孩子打喷嚏、流鼻涕5天了，没有发烧、咳嗽，我只给他吃了一些感冒药，可今天早晨孩子说头痛。

孩子的鼻腔内充满黄绿色的稠鼻涕，而且眼眶和颧骨处出现明显的压痛。

X线检查也发现鼻窦内有很多分泌物，说明孩子并非感冒，而是患上了急性鼻窦炎。

先口服抗生素，生理盐水冲洗鼻腔。3天后再来复诊，就可进一步了解孩子病情的变化，还可确定应用药物的疗程或修改治疗方案。

流鼻涕、鼻塞

孩子流鼻涕、鼻塞，如果不发热、不咳嗽，通常一周内可自行痊愈。所以，如果仅仅是流鼻涕、鼻塞，一般来说，父母都是在家中给孩子吃些小药，甚至不吃药，很少带孩子到医院看病。不过，如果是新生儿，或孩子反复、持续发作，或是伴有头痛、打鼾等，就要引起家长的重视了。

新生儿最怕鼻塞。由于新生儿鼻腔细小，被分泌物阻塞的现象十分常见。另外，新生儿很少用口呼吸，特别是吃奶时，不能用口腔呼吸，鼻塞时就会在憋气状态下吃奶。一旦憋不住了，只能甩开奶头进行呼吸，多以哭作为增加呼吸效果的代偿表现。哭闹后往往失去了食欲，不再想吃奶了。可是1~2个小时后又拼命找奶吃。这种情况下，向新生儿鼻腔内滴入少许生理盐水，数分钟后，用特制吸鼻器抽吸，可帮助排出鼻腔内的分泌物。经常向鼻腔内涂少许橄榄油、香油等也可助于鼻内分泌物的排出。不过，家长最好不要自己用棉签清理新生儿的鼻腔，以防造成不必要的损伤。

鼻窦炎也是常见的上呼吸道感染的一种，除了流鼻涕、鼻塞外，还可出现发热等症状。最具特征的表现是流稠鼻涕、头痛，并具有眼眶、颧骨等处明显的压痛。X线及CT检查可见鼻窦内存有较多的分泌物。多数检查发现，不仅分泌物多，而且鼻窦内膜增厚，说明患鼻窦炎已有相当长的时间。一般情况下，口服或肌注抗生素加上鼻腔局部黏膜收缩药物即可治疗。若治疗较晚或问题较为严重，可能需要采取外科手术治疗。

豆豆，爸爸妈妈接你回家啦。

不行，孩子在我这儿住得好好的，你们一接回去就打喷嚏、流鼻涕，照顾得不好！

我们照顾得很周到啊，是不是咱家和妈这儿有区别呢？

对了，我想起来了，咱们家多铺了块纯毛地毯！

去掉纯毛地毯后，豆豆的症状消失了！

另外，鼻塞伴有夜间打鼾，常为腺样体肥大的表现。腺样体位于鼻腔后部，是淋巴样软组织。上呼吸道感染可刺激腺样体，使腺样体肿大。反复上呼吸道感染后，增大的腺样体就不能再恢复其原有的体积了。上呼吸道感染也容易引起扁桃体肿大，所以腺样体肥大多与扁桃体肿大同时存在。肥大的腺样体还产生许多分泌物，进一步阻塞鼻腔造成鼻塞，使夜间睡觉时出现打鼾现象。此外，还会压迫鼻后部和中耳间的欧氏管，容易出现耳部感染，甚至影响听力。一般来说，手术切除是治疗腺样体肥大的有效方法。

突然出现流涕和鼻塞是过敏的一种常见的表现。由于过敏原的刺激，孩子鼻黏膜出现急性充血，就会出现流涕和鼻塞的现象。寻找过敏原，远离过敏原是治疗的最好方法。

如果孩子总是流涕和鼻塞，就需要去看医生。看医生前家长最好思考一下，发生流涕或鼻塞的时间、症状持续多久了、是否反复发作、是否可以自行缓解、给孩子使用过何种药物治疗、疗效如何等问题，以便和医生交流。另外，还要关注孩子流涕和鼻塞是否伴有其他症状，如嗅觉变化、流泪、眼部红肿和痒感、喷嚏、发热、咳嗽、头痛、面部疼痛等问题，及是否存在夜间睡眠时打鼾。

一般情况下，医生根据孩子的表现和检查的结果进行血液检查白细胞水平和细胞分类，痰培养或咽分泌物培养，X 线检查鼻窦、鼻咽侧位和胸部以及过敏原测定等。根据检查结果选择治疗的最佳方法。无论引起流涕和鼻塞的原因如何，保持室内空气流通，湿度适宜，多喝水、多休息是治疗的基础。

如何应对呕吐？

1.暂时禁食禁水，观察孩子状况，记录相应的表现

2.最好采用肛门内给药的方法来缓解呕吐

3.待病情稳定后，可少量多次喝点温糖盐水

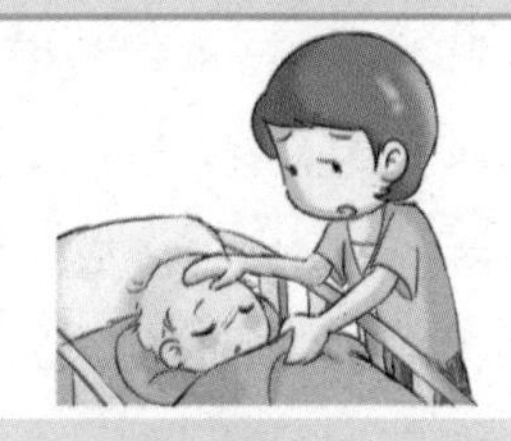

4.判断是否出现脱水

5.出现或怀疑脱水时，应接受医生的正规补液治疗

6.重新开始进食时，要由稀到浓、由少到多、由简单到复杂

呕吐

呕吐多是胃部受到刺激引起的，比如冷刺激、病原菌刺激或胃部肌肉痉挛等。胃部受到刺激伤害后，会出现正向和逆向不规则的交替蠕动，而蠕动的紊乱又会导致食物或胃肠液体经胃、食道、口腔反流，这样就会出现呕吐。

呕吐物不仅有食物、液体，还有大量氯离子、氢离子等电解质。如果这些离子丢失过多，就可能造成体内阴阳离子平衡失调和体内酸碱平衡失调，而失调的结果又会刺激包括胃部在内的人体所有器官，出现器官功能障碍。特别是受到进食或进水等刺激后，又会出现呕吐，形成恶性循环。咽部、食道等部位受到刺激或闻到特殊气味都可引起呕吐。另外，大脑受到损伤时出现的呕吐是喷射而出的，医学上称之为喷射性呕吐。

孩子出现呕吐时，如果不伴有神经性系统症状，比如抽搐、昏迷等，多是由于咽、食道或胃部受到刺激引起的。其中，急性胃肠炎最为多见。胃肠炎是从胃部开始的，所以，呕吐常常是首要表现。

当孩子出现呕吐时，先要暂时停止通过口腔进食和喝水，让胃肠得到适当的休息，同时观察孩子的表现，比如是否存在发烧、精神状况不佳或神志异常、咽部肿痛、大便异常等状况，如果存在，记录呕吐前孩子的异常表现，并记录下引起呕吐的直接原因，例如，进食、咳嗽、服药等。

很多家长能够理解暂时停止进水、进食的观点，但为了孩子早点康复，经常很快给孩子吃药。其实，吃药对胃肠的刺激更大，容易引起新的呕吐。所

如何判断孩子是否脱水？

观察孩子的尿，记录每次的排尿时间、尿量和颜色。

如果已4小时没有排尿，或者尿量极少且很黄，说明孩子出现了脱水。

观察孩子口腔内是否干燥、哭时是否有泪、小婴儿囟门是否凹陷、皮肤弹性是否正常及是否出现神志的改变等，也可以了解孩子的脱水程度。

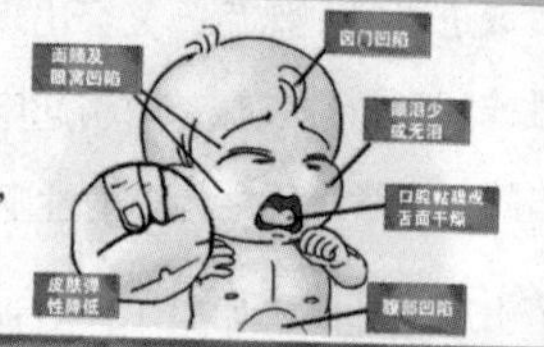

如果发现孩子明显少尿，家长就应当及时将孩子送到医院进行诊治。

治疗呕吐

禁食、补液、纠酸是医生治疗的基本原则。禁食时间的长短不是医生主观决定的，而是由孩子的情况决定的。补水不仅是纠正脱水，关键是要补充呕吐造成的电解质丢失和酸碱失衡。有时也需要取血进行相应的检查。

以，要想给孩子尽快用药，也最好采用经肛门给药的方法，可选用茶苯海明栓剂等对症药物。

肛门栓剂不仅可以起到止吐的作用，而且可以刺激直肠蠕动，容易诱导孩子排便，帮助排出毒素等刺激物。有时，医生怀疑孩子患有急性胃肠炎，还会采用温盐水灌肠、开塞露肛门内给药等诱导排便的方法，以增加肠道蠕动和排便，从而缓解胃内的压力，有利于缓解或终止呕吐。很多时候，一旦孩子出现腹泻，呕吐很快减轻，甚至停止。

暂时禁食禁水 1～2 小时后，若孩子呕吐有所缓解，而且精神及一般情况都不错，可重新尝试给孩子喝 10～20 毫升温糖盐水或温口服补液盐水。如果孩子能够喝下去，每 20～30 分钟重复服用。注意整个过程不要操之过急，否则会引起新的呕吐。如果处理不当，就会出现服一次 10～20 毫升的水，会再吐出超过 10～20 毫升或更多的胃液。这样，不但没有达到补充的效果，反而会加重呕吐。

如果孩子确实很难喝进去水，要仔细观察孩子是否存在脱水。如果没有脱水，继续禁食禁水，让胃肠道再多休息一段时间，如果已经出现脱水，应及时送到医院进行补液。

口臭的原因

小婴儿口臭多是胃食道反流

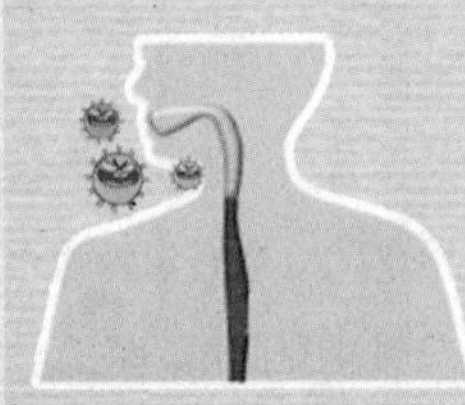

口臭也可能是牙龈或者咽喉部出现了感染

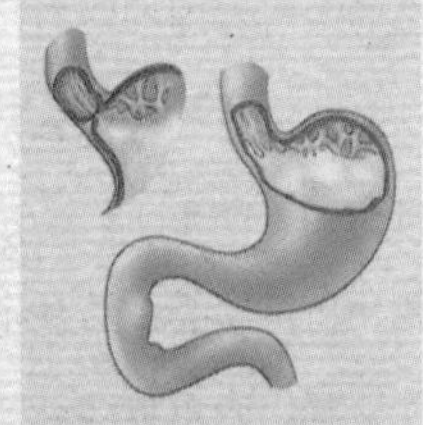

如果除了口臭以外没有上呼吸道的表现，多考虑是胃食道反流引起的口臭

如果孩子口臭的同时，有特别的上呼吸道表现，那么口臭就与疾病相关。口腔异味明显，还应考虑胃肠消化出现问题，可能与进食不当有关。

2 小儿常见问题

受到一定程度的损伤 环境变化让婴儿的皮肤

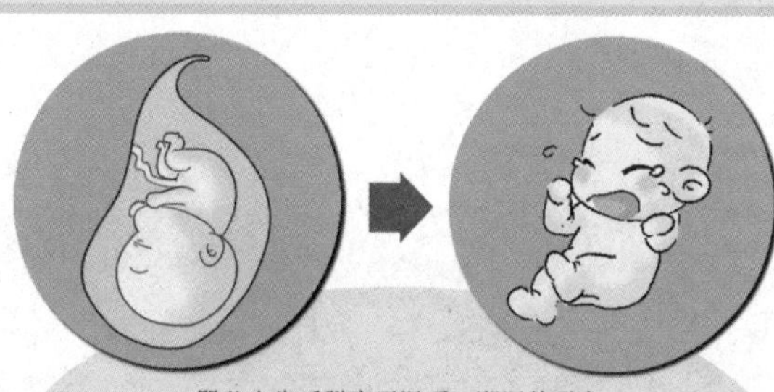

婴儿出生后脱离了温暖、潮湿的子宫环境，进入到凉爽、干燥的空气中。

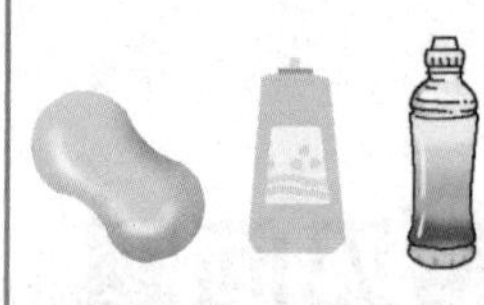

另外，出生后才几分钟，婴儿就接受到诸如肥皂、洗液和清洁液等刺激物的刺激，也会使皮肤受到伤害。

这种环境的急剧变化和刺激容易对婴儿的皮肤产生下列影响：

●让婴儿的皮肤变得干燥、脱屑

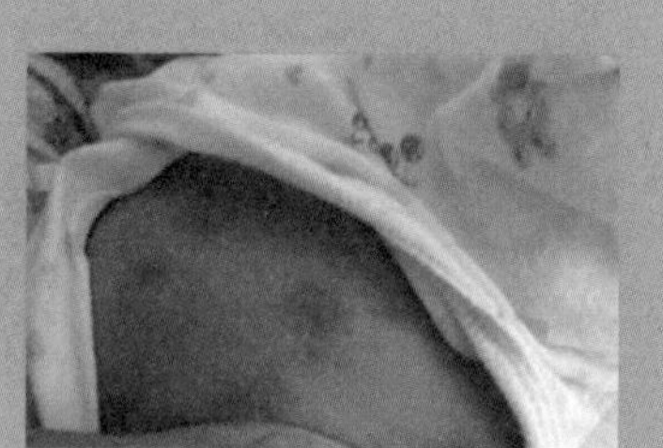

●让婴儿的皮肤长满红疹

新生儿红斑

有些婴儿出生后全身会出现红色丘疹，有些会高出皮肤，有白尖，有些是大块的红斑，这是“新生儿红斑”。

新生儿红斑是一种常见的良性问题，它的形成可能与婴儿出生后环境的变化有关。婴儿出生前，浸泡在羊水里，处在温暖、潮湿的子宫环境，出生后皮肤暴露于干燥的空气中，受到干燥刺激。

另外，与浴液等的刺激也可能有关系。胎儿身上覆盖着一层胎脂，能很好地保护皮肤，出生后不需要立即用浴液将其去除。出生后立即用诸如肥皂、洗液等为婴儿清洁肌肤，也会使婴儿皮肤受到伤害。

家长不必担忧新生儿红斑是否与添加配方粉或接种疫苗有关，只要注意不要过厚包裹新生儿，过厚的包裹会加重新生儿红斑。

新生儿红斑不会造成皮肤瘙痒等不适感觉，不需特别的药物治疗，3～7天后会自然消失。

新生儿痤疮

崔大夫，这么小的宝宝怎么也长痘痘！

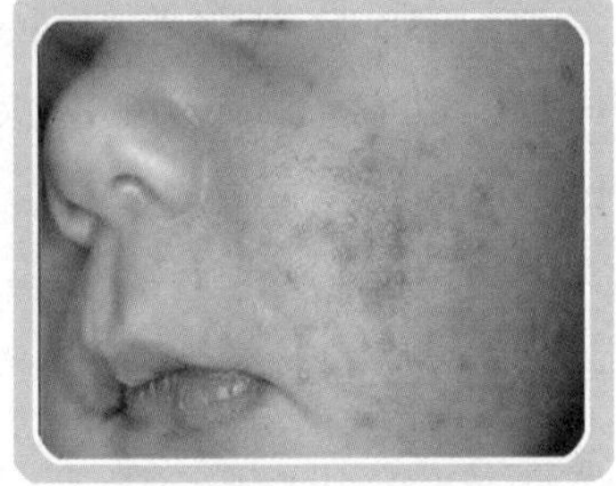

这是婴儿痤疮，常见的婴儿皮肤良性问题，新生儿都可出现。

激素变化

原因与新生儿出生后体内激素的变化有关。

对于婴儿痤疮不需特别处理，更不要人为将表皮弄破，以防感染。

婴儿痤疮

婴儿痤疮是特别常见的婴儿皮肤良性问题，新生儿都可能出现。

它常常出现于出生后 3～4 周的婴儿，丘疹呈小疙瘩状，常常附着于婴儿的面部、颈部、胸部和背部，可持续数日至数周。

新生儿痤疮，与婴儿出生后体内激素的变化有关。婴儿出生后，胎儿时期经胎盘传至婴儿体内的母体激素水平开始降低，随着体内雌激素水平的降低，皮肤就会迸发出小疙瘩样的痤疮。因为小婴儿汗毛孔还未开放，皮肤分泌的皮脂腺积于皮下，从而形成小疙瘩样的丘疹——痤疮。

当小婴儿的皮肤出现痤疮时，家长不需特别处理，更不能人为将表皮弄破，以防感染，只要保持皮肤清洁，痤疮会自然消退。

宝宝出生只有7天，为何他的上嘴唇、鼻子、脸上都起泡了？看着好心疼，需要用药吗？

孩子上嘴唇、鼻子和脸上的小泡都不一样。

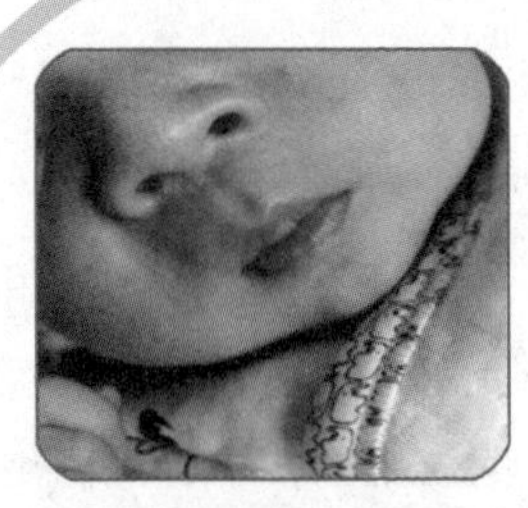

新生儿嘴唇上的小泡是吸吮小泡，与喂养体位和吸吮有关。

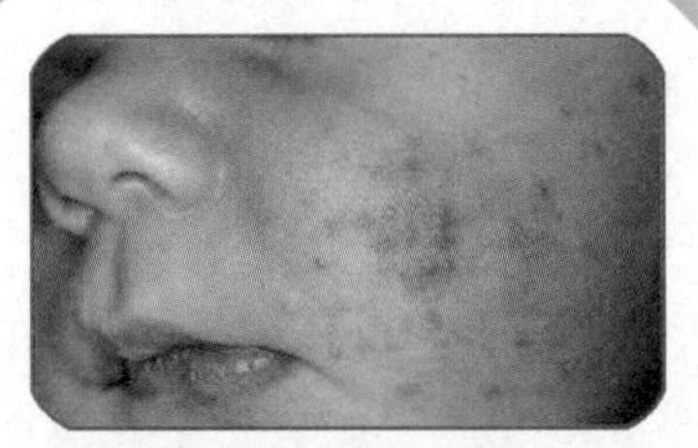

脸部的小疙瘩样丘疹是婴儿痤疮，还可分布于颈、胸和背部，出现与新生儿体内来自母体的雌激素水平下降有关。

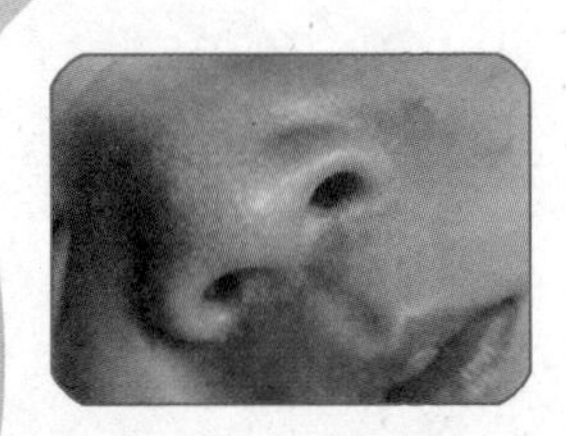

鼻上的粒状白点是粟粒疹，是堆积于鼻及周围皮肤下的脂肪腺分泌物所致。

以上均为正常现象，无需治疗，可以自行消退。

粟粒疹

围绕婴儿鼻子、下巴和前额等部位长出的细小白点称为粟粒疹。

粟粒疹在出生时即可发现，生后几个月内逐渐消失。粟粒疹较硬，有时好像细微的疙瘩，皮下的小白点是堆积的皮脂腺分泌物。

婴幼儿粟粒疹同样也是一种良性的皮肤问题，与汗毛孔未开但皮脂腺已开始分泌有关。家长不用着急也不需任何处理，随着生长，自然就会解除。千万不要试图把表皮弄破后排出皮脂，这样容易留下疤痕或起不良反应。

婴幼儿皮肤上特别容易出疹，除了感染性疾病引起的皮疹外，常可见到婴儿痤疮、粟粒疹以及热疹如痱子、汗疱疹等，如果家长不能分清，可以请教医生。婴幼儿出疹较多，家长可以根据下列情况做出初步判断：

· 很常见的是捂出的热疹；

· 高热时，若同时出疹，形似粟粒样红疹，可为麻疹、风疹；

· 若是水痘，会很快见到红色粟粒疹 + 水泡 + 结痂三期同时出现的皮疹；

· 高热持续超过 5 天 + 出疹，可能是川崎病；

· 用抗生素等药后，可能出现药疹；

· 若高热 3 天后出疹，多为幼儿急疹。

孩子剃头后颈后部有块红斑，您知道是什么原因吗？

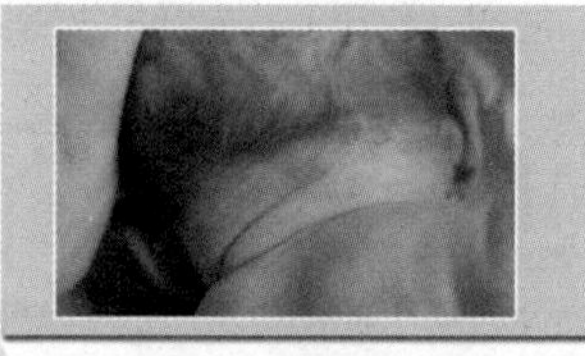

●婴儿头皮上、从颈到背或横穿眼皮的皮肤上，乃至人体任何部位出现的粉红色的、分布在人体中线附近的斑块叫鹳吻痕

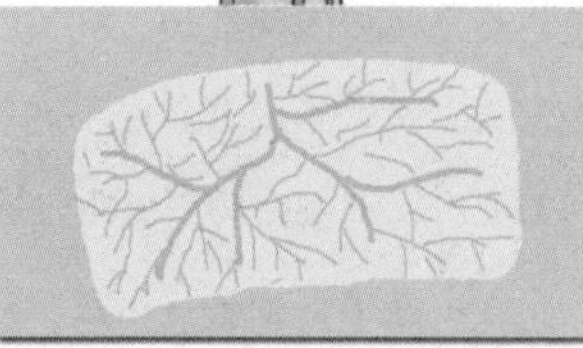

●它由皮肤表层存在的过多细小血管所致

●婴儿哭闹或发热时，血管会充盈，斑块会变得较红

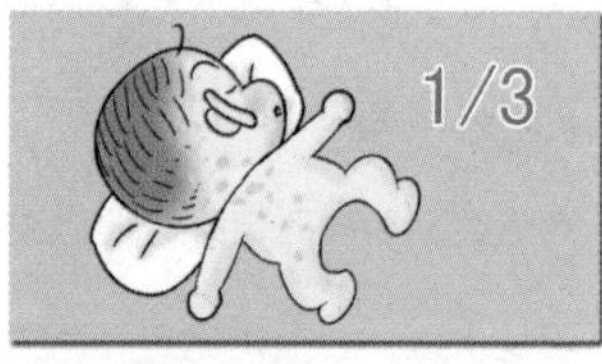

●约1/3婴儿出生时可见到鹳吻痕或“天使之吻”

●随婴儿逐渐长大，这些斑块也会逐渐消失

●除长在颈背的鹳吻痕可持续终生外，其他部位的斑块多于18个月内消失

鹳吻痕、胎斑、胎痣

鹳吻痕形容的是婴儿头皮上、从颈到背或横穿眼皮的皮肤上，乃至人体任何部位出现的粉红色的斑块，这些斑块分布在人体中线附近。

“鹳吻痕”这个命名来自关于鹳的神话故事。传说中，鹳是抓着婴儿的背部和颈部将其偷走的。而“天使之吻”的命名则是因传说中天使亲吻婴儿的部位是眼皮。

实际上，它们都是皮肤表层存在的过多细小血管所致。当婴儿哭闹或发热时，血管就会充盈，斑块就会变得较红。大约 1/3 的婴儿出生时可见到鹳吻痕或“天使之吻”。随着婴儿逐渐长大，这些斑块多于 18 个月内消失。只有个别长在颈背的鹳吻痕可持续终生，但对孩子没有任何损害。对于这些斑块，家长无需作任何处理。这些正常的色素沉着，多半可随时间逐渐消失，家长都不必着急，等孩子长大一些再去咨询医生。

但发生于其他部位的红斑，应排除血管瘤。有些部位的红斑会随着婴儿生长，颜色逐渐加深，且逐渐高出皮肤，这就是典型的血管瘤。很多小血管瘤会在 2 岁半之内逐渐变小消失，但还是建议尽早到皮肤科就诊，通过局部涂药或口服药尽快使血管瘤缩小或消失，以免局部皮肤质地与其他部位出现差异，影响以后的美观，特别是外露部位的血管瘤，更应积极、尽早治疗。

婴儿皮肤上的色素斑

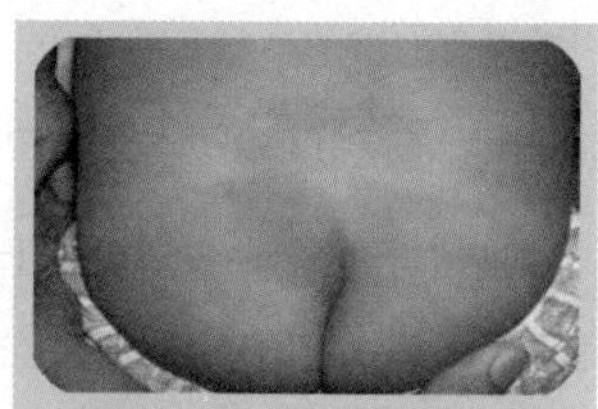

颜色为蓝色或紫色，此斑有时像创伤后的淤斑

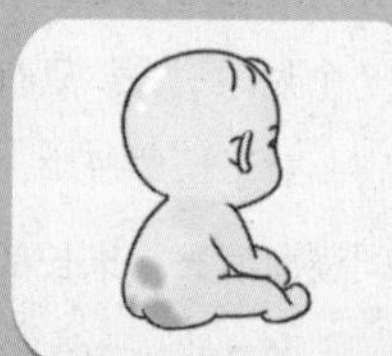

常位于下腰部或臀部

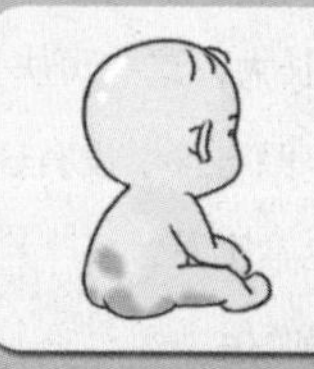

有时向下扩延到腿部

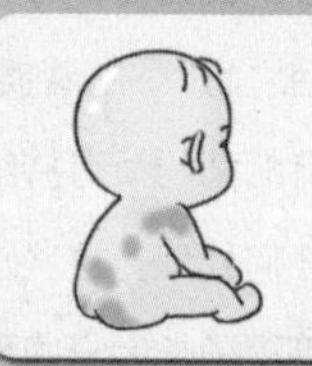

向上扩大到肩部

胎斑的实质是色素细胞，它是色素细胞堆积引起的皮肤颜色变化

虽有些会伴随终生，但绝大多数能在3～4岁内褪至正常颜色

由色素细胞堆积所致
绝大多数成人都有痣，而且这些痣的绝大多数在出生时即已显现
胎痣
胎痣可位于身体任何部位，其形态、大小各异
大多数
良性
由能产生色素的黑色素细胞堆积而致，其中绝大多数都属良性

尿布疹

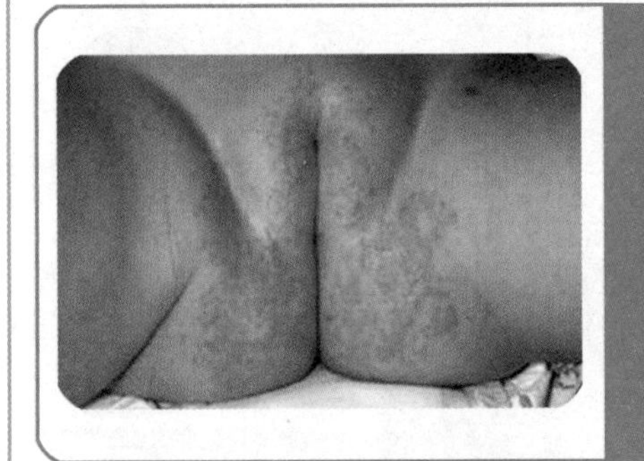

指局限于尿布覆盖部位出现的皮疹，常见于臀部，也见于尿布覆盖的任何部位。

尿布疹有四种类型：

- 单纯刺激型
- 发炎性皮疹型
- 酵母菌感染型
- 细菌感染型

尿布疹

尿布疹是因尿布覆盖区域皮肤完整性受到破坏后，被粪便中细菌或局部潮湿环境引起的霉菌感染所致。尿布区域皮肤完整性破坏是引起尿布疹的基础原因。干爽皮肤不容易出尿布疹。

预防尿布疹最为关键。保证皮肤完整并保持臀部干爽相当重要。在孩子排便后用温水冲洗臀部去除粪便。冲洗后用非常柔软的干纸巾或软布将局部蘸干或用吹风机吹干。如果用湿纸巾擦拭，一定不要用力过大，以免皮肤受损。当臀部干净后，不要急于换上新尿布，要等待臀部皮肤干爽。干爽后再涂上一些含有氧化锌的护臀霜。涂护臀膏的目的是为了避免下次排便时粪便对局部皮肤的刺激。

如尿布区域已破溃，切忌使用湿纸巾擦拭局部。每次温水冲洗局部后，用吹风机弱档（热风）吹干，再涂上药膏。局部吹干相当重要！药膏要涂薄薄一层。如果尿布疹严重，可采用局部烤灯，持续保持局部干燥。医院内治疗办法就是将孩子放在开放暖台上，在保暖下持续“烘烤”局部皮肤。

黄疸

出现黄疸的原因是体内增高的胆红素

胆红素是体内自然产生的黄色色素样物质

胎儿出生前，胎盘负责排出这种废物

出生后，肝脏负责将它们排到大便内

新生儿期，肝脏将血中的胆红素转移到肠腔；肠道再通过排便将大量的胆红素排出体外
但是新生儿肝脏功能尚未健全，不能排出足够的胆红素，就会出现胆红素的产生量大于肝脏和肠道的排出量的现象
有时，婴儿大便次数不多，致使肠道有充分的时间回吸收胆红素，而不是将其排出体外
有时，细胞内正常存在的胆红素被释放入血液，太多的胆红素压制了肝脏，造成血中胆红素集结

黄疸

黄疸是几乎每个新生儿都会面临的问题，所以家长也特别关心。

新生儿为何出生后会出现黄疸？因为出生前，胎儿生长于妈妈子宫内，相对于大气来说是低氧环境。与高原生活的人们一样，为了增加胎儿子宫这个低氧环境中的血液携氧量，会出现红细胞增多现象。出生后，婴儿开始通过肺呼吸，进入正常的氧环境。氧气增多，大量红细胞变得多余。这样，体内“多余”的红细胞逐渐衰变、裂解形成引起黄疸的物质——胆红素。

胆红素会经肠道排出，而且人体排出胆红素的途径只有肠道。所以，多吃奶，多排便，就可以促使胆红素快速排出体外。吃奶和排便的不同也就是新生儿黄疸程度不同的原因。

新生儿黄疸不是一种疾病，而是新生儿独有的一种代谢状况，如同发热、咳嗽一样，家长不需要过于恐惧。医学上，人为地将新生儿黄疸分为生理性黄疸和病理性黄疸。如果不是因为血型不合溶血症、严重感染或一些先天代谢异常引起黄疸，多为生理性黄疸。病理性黄疸需要照光、静脉输注白蛋白，甚至换血治疗。照光是医院内最常使用的医学退黄方法，属物理治疗，相当安全。

体内胆红素增加引起的皮肤黄疸不会对婴儿造成直接损伤，只有胆红素进入大脑，才可引起脑损伤。传统认为血液胆红素高过 14mg/dl（240mmol/l）才需引起重视；生后 3 天超过 17mg/dl（290mmol/l）才考虑光疗。如果没有达到需要光疗的指征，也就意味着没有到达高胆红素血症的指标，就不会出现

喂葡萄糖可促进新生儿退黄疸吗？
葡萄糖属单糖，在肠道不需消化就可直接吸收。

葡萄糖的吸收过程只增加血液中的葡萄糖含量，不会增加排便量，因此不利于新生儿退黄。

对婴儿黄疸，通过增加喂养量，致使排便量增加，才可增加肠道内的胆红素排出量，减少体内胆红素水平，进而达到降低黄疸的效果。

黄疸对大脑的损伤。

由于胆红素只能经肠道通过排便方式排出体外，所以增加喂养是“祛黄”的最好方法。出生后尽快开始母乳喂养，初期可在婴儿吸吮乳房后，适当借用吸奶器，刺激乳房尽快产奶。多喂养，促进婴儿排便，促进黄疸排出。停母乳、服药都不是良策。

新生儿黄疸是新生儿正常代谢的一个过程。除非特别的疾病前提，比如说血型不合的溶血或严重感染等问题，否则家长不需特别紧张。需要注意的是黄疸的程度，如果程度较高，医生会要求光疗。如果没有达到光疗的程度，婴儿维持两三个月、三四个月都没有问题。一些母乳喂养的孩子出现黄疸的时间会达到 3 ～ 4 个月。只要孩子生长正常，有轻度黄疸，不影响孩子的正常发育，也不影响预防接种。

扁头或偏头

当婴儿一再地以同一体位睡觉时，头部着床部位的颅骨就会受到头部重量的压迫

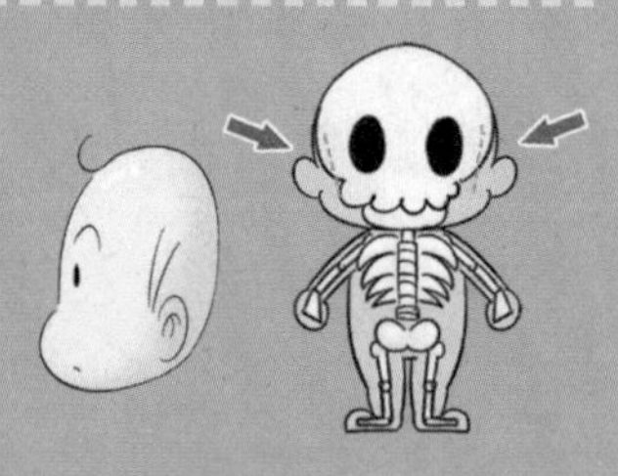

如果头部位置不去定时变换，反复受压部位的颅骨就会变扁平

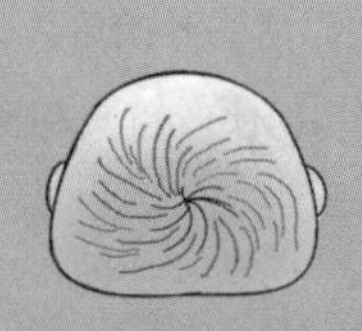
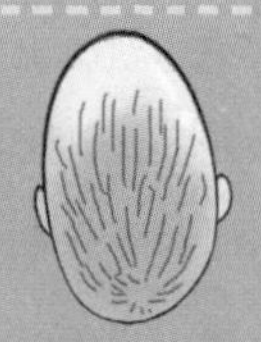

有些婴儿头颅后面较扁，有些则是侧面扁平

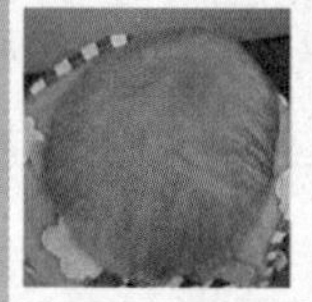
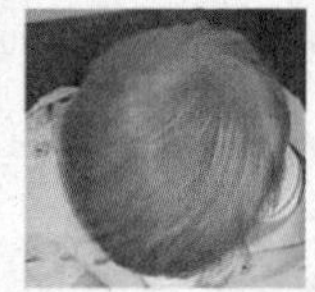

对头颅某部位明显扁平的现象称扁头或偏头

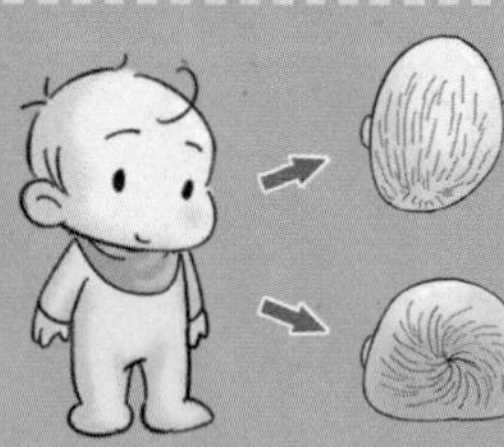

斜颈的婴儿可并发扁头或偏头

头形异常

刚出生的婴儿头形都“很难看”，经过 48 ~ 72 小时会逐渐自行纠正。

因为婴儿颅骨较软且颅缝尚未闭合，很多原因都会导致婴儿头形呈异常，比如体位、斜颈等，常见的有斜头、短头、舟状头。斜头是对头部同一区域反复挤压造成的颅骨不对称性现象，主要由体位所致。短头指由外力造成的头部前后径和左右径不对称现象。舟状头指前后径长，左右径窄的不成比例现象。

使用特制头盔为有效治疗方法。头形异常与分娩方式（自然分娩、剖宫产）无直接关系，与生后体位（基本不变的体位）和斜颈等有关。生后一个月即可看出斜颈、头形异常，需及时纠正（斜颈的按摩、伸拉）及多样化睡眠姿势。3 ~ 6 个月如果仍有头形明显异常，需矫形治疗。

婴儿仅一个姿势睡觉容易出现偏头。孩子的偏好睡姿对心脏、肺或其他内脏不会造成过分的压迫，只是比较固定一个姿势睡眠会导致头形出现问题。由于孩子头颅骨较软，非常容易塑形，基本固定一个姿势，容易出现偏头或扁头的现象。造成固定睡姿的主要原因可能与“斜颈”有关，所以，出现习惯的睡姿时，应该从颈部检查起。

建议引导孩子侧卧（左右交替）和俯卧睡觉。俯卧位不会对孩子心肺和发育造成不良影响。建议 3 个月内婴儿在无大人看护下，不要独立俯卧睡觉。多种睡眠姿势是保持头形最好的方法。处于某些体位时，孩子哭闹或用力，需继续锻炼，同时排除斜颈等问题。

枕秃

几乎每个婴儿都
会在脑后、颈上
部出现枕秃。

趴着睡觉时出现枕秃的
机会比较少，躺着睡觉
则出现枕秃的机会多。

枕秃是枕部头皮受到反
复压迫和摩擦所致，结
果造成局部头发缺失。

随着婴儿逐渐强壮，到可坐、站、
走时，头皮受摩擦的机会就会
减少，头发就会重新长出。

枕秃

小婴儿的枕部，也就是脑袋和枕头接触的地方，出现一圈头发稀少或没有头发的现象叫枕秃。

枕秃是小婴儿生长发育中的正常现象。小婴儿平躺时间长，随着生长，大概从满月起，开始对周围的物体兴趣增加，2～3个月后开始左右转头，摩擦枕部。部分婴儿因为双侧内耳发育不协调，似乎耳内有异物，为了缓解不适感频频左右转头。转头过程中枕部受到枕头或床面多次摩擦，再加上头部出汗多，所以造成和枕头接触的局部头发脱落并生长缓慢，枕部头发减少，甚至没有头发。特别是剃头后，枕部头发生长缓慢，这是正常现象。随着婴儿生长，逐渐会坐、站、走后，睡觉逐渐安静，枕部头发逐渐会生长出来并慢慢恢复正常。

枕秃在民间又称为“钙圈”，其实与缺钙没有任何关系。不论是母乳喂养，还是配方粉或混合喂养，都不需额外补钙。随婴儿生长，大约在2岁，即可逐渐消失。其实，1岁之内的婴儿没有枕秃的极少，家长不必为此焦虑。

同样，枕秃与营养不足、受惊吓等也无关；不论何种原因，枕秃属于正常生理现象，随着生长发育，会自行恢复正常，不需任何干预和治疗。

耳部小窝和皮赘

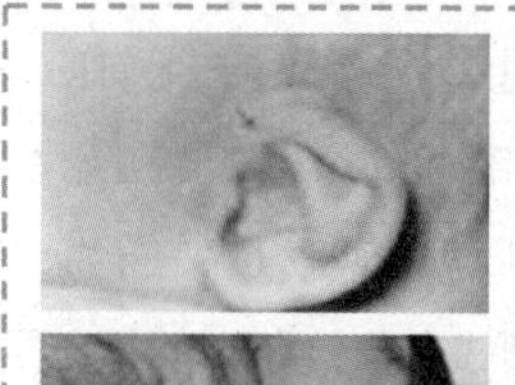

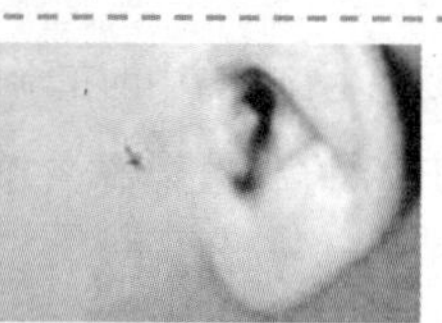

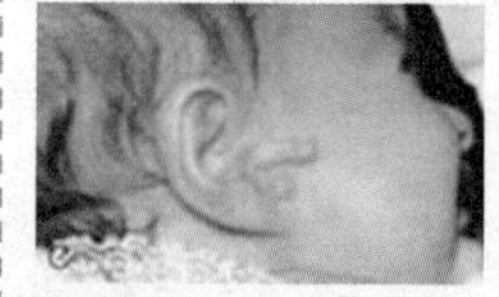

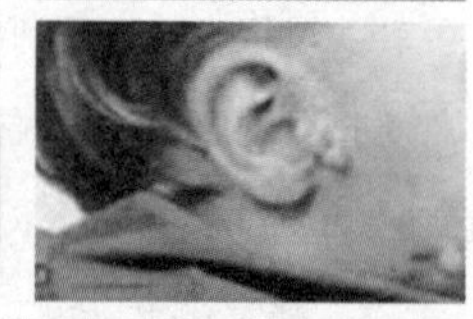

皮赘是皮肤多余的部分，可发生在身体的任何部位，常见于颜面部，特别是耳部，常称为附耳。

小窝是皮肤上直径3～4毫米，小于2～3厘米深的小洞。

有时小窝可产生油脂样物质——皮脂。

耳周小窝和皮赘通常都是正常的。

外耳卷曲

外耳部分由软骨组成。软骨是一种既坚固又柔韧的组织。

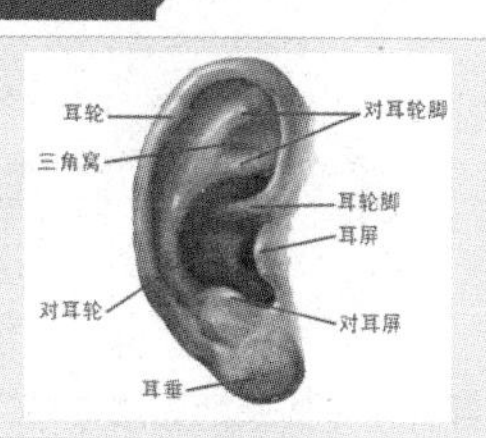

胎儿在子宫这个狭小的空间内生长，外耳的软骨很可能会被迫折曲着生长。

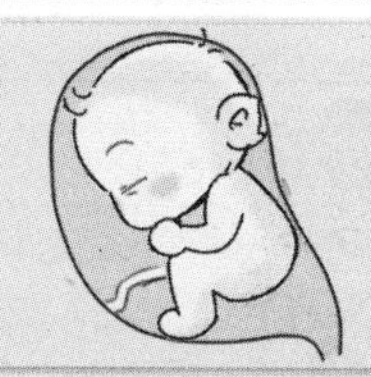

当婴儿出生时，外耳就会变得奇形怪状。

其实，婴儿一旦离开子宫的约束，软骨就不再受压了，外耳也会逐渐变平整。

舌系带过短

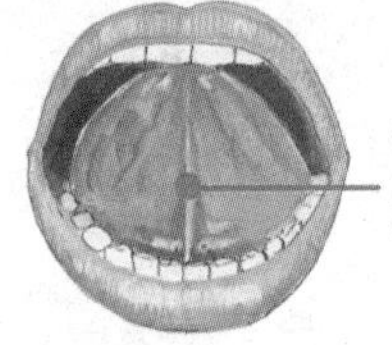

舌系带是细长的黏膜索带，连接舌背和口腔底部。

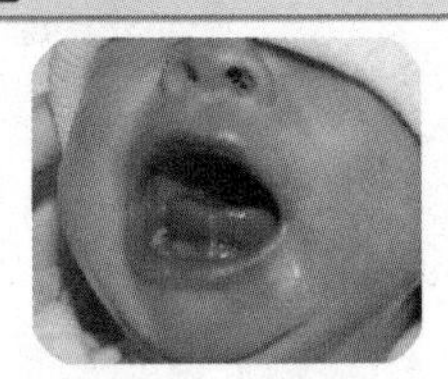

舌系带过短是指舌系带附着于舌背接近舌尖的部位，致使舌头运动严重受限。

存在这种现象的婴儿，进食比较困难。

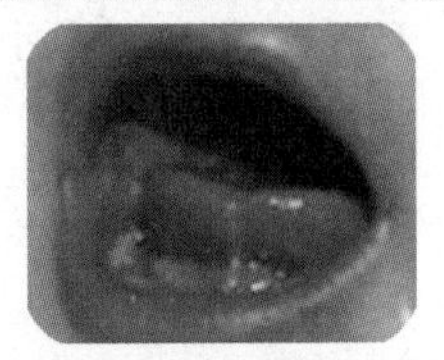

由于附着点限制舌头向前伸展，所以，用力时舌尖可呈“W”型。

1/1000

大约千分之一的新生儿存在舌系带过短的现象。

个别婴儿因舌运动受限，出现吸吮困难；或因为舌系带位置原因，母乳喂养时妈妈会感到乳头疼痛。

舌系带过短

我们平素伸舌时，舌尖呈锥形，孩子也应如此。如果发现孩子伸舌头的时候，舌尖呈“M 形”或“W 形”，也就是舌尖端凹陷，则说明舌系带过短。

舌系带位于舌背与下颚间，约束卷舌程度。“舌系带过短”也就是人们平时所说的“舌头下面的那根筋有点短”。

舌系带过短为先天问题，若这种情况较为严重时可能导致新生儿吃奶困难，但绝大多数仅可能影响今后的发音，特别是发卷舌音会不够准确。

如果将舌系带松解一下，即可解决问题。纠正舌系带过短的手术非常简单，可以在门诊进行。将舌根局部麻醉，将舌系带剪断，压迫止血，数分钟即可完成。术后观察很短时间，没有继续出血即可回家，而且不会有任何风险和后遗问题。手术由口腔科或小儿外科医生实施。

该手术任何时间都可以完成，我们鼓励新生儿期实施手术，生后状况稳定的新生儿即可接受手术。因为新生儿疼痛感觉迟钝，手术过程痛苦轻，术后 15 ~ 20 分钟即可吃奶。若错过新生儿时期，随时发现都可以手术。建议在孩子学说话前进行，防止因发音不准，被其他小朋友嘲笑，导致心理阴影。而且学说话后再手术，有些音需要特别矫正，比较费力。

吸吮小泡

宝宝嘴唇上有这种泡泡状的东西，是奶粉引起的吗？是不是上火了？

许多婴儿上下嘴唇中间都有小泡，称吸吮小泡。清亮或白色的肿物都是因为喂养的体位和喂养时吸吮动作而致。

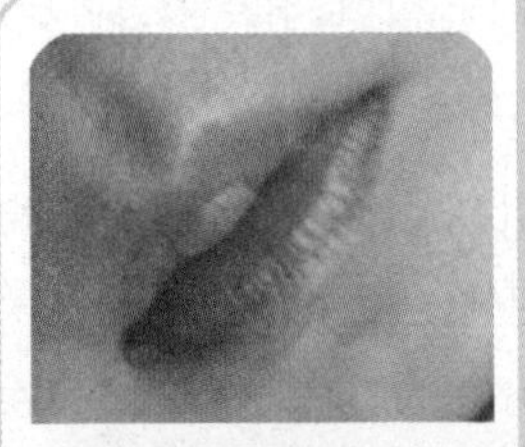

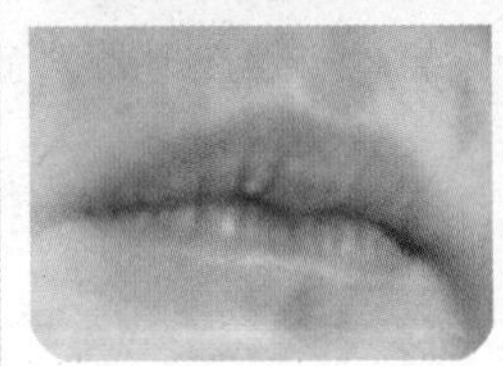

有些小泡坚硬，有些松软；有些表面粗糙，有些光滑；有的一段时间后会再现。这些都是正常现象，会慢慢消失。

吸吮小泡与喂养方式无关，与是否“上火”也无关，是嘴唇脱皮过程，属正常生理现象，是良性过程，不需要处理，也无需担忧。

颈部皮褶

出生时，婴儿颈部细长和纤瘦，但很快被脂肪组织填充，这些脂肪褶是婴儿健壮的表现，但颈部会出现成圈的皮褶重叠，皮褶间重叠的皮肤特别容易受到刺激。口水和溢出的奶汁会积存其中。

由于颈部皮褶的皮肤自身频繁摩擦，致使深部沟壑内皮肤受到刺激而发红，婴儿不能很好地抬头，颈部皮褶内的空气不流通，积存的汗液会进一步刺激皮肤。

这种情况直到婴儿4~5个月能够自行抬头时，才开始有所好转。如果让孩子经常趴着，当抬头时，颈部皮褶可以分开达到透气效果。

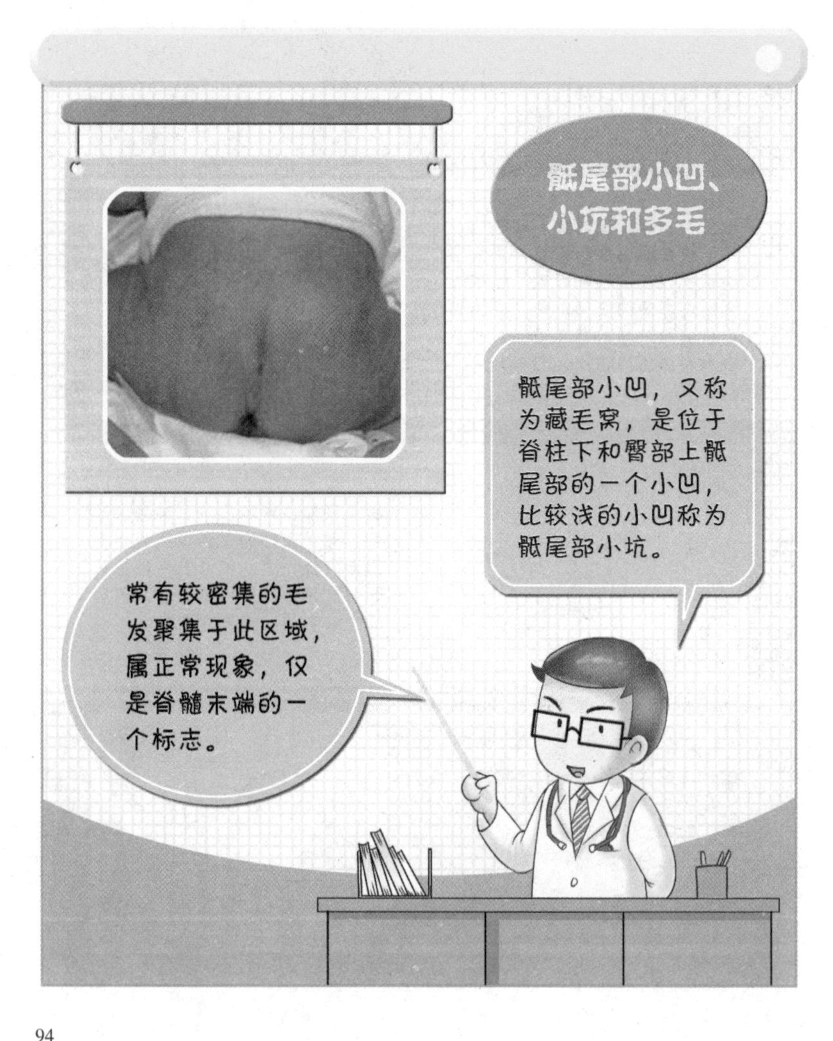
骶尾部小凹、小坑和多毛
骶尾部小凹，又称为藏毛窝，是位于脊柱下和臀部上骶尾部的一个小凹，比较浅的小凹称为骶尾部小坑。
常有较密集的毛发聚集于此区域，属正常现象，仅是脊髓末端的一个标志。

3 家长需要注意的问题

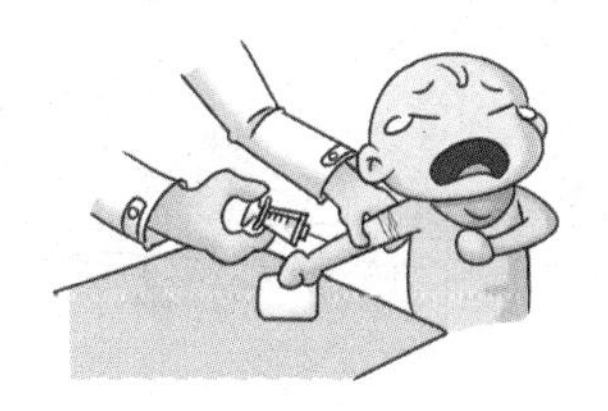

按量服药，也会过量？

孩子感冒后我先给他吃了泰诺林。

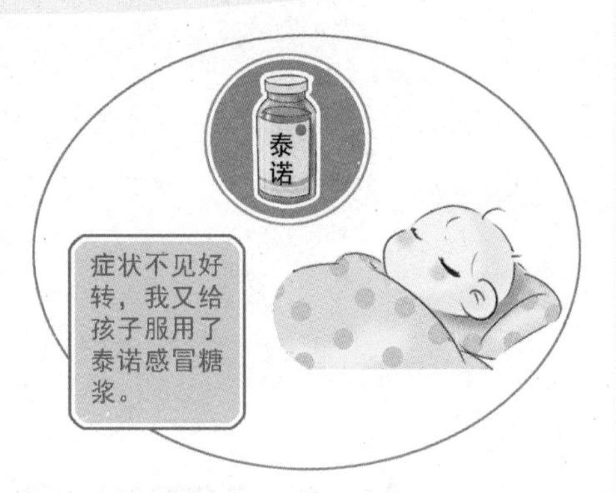

泰诺
症状不见好转，我又给孩子服用了泰诺感冒糖浆。

又服用了小儿克咳以及白加黑，还有一些感冒冲剂等。

（接98页）

怎样才能保证安全用药

孩子多见呼吸道感染，治疗感冒和发热的药物是主角。由于这类药物大多属于非处方药，人们一直认为它们安全性比较高。其实，再安全的药，使用不当也会出现意外情况。

药名不同不代表成分不同

比如，对乙酰氨基酚是用于治疗发热和感冒的常用药物中的主要成分，又称为扑热息痛、醋氨酚、退热净等。由于这种药物非常安全，所以很多治疗感冒和发热的药物中都含有这种成分。我们经常给孩子使用的泰诺林、泰诺感冒糖浆的主要成分就是对乙酰氨基酚，除这两种药外，许多复方制剂中也含有这种成分，比如：白加黑、帕尔克、克感敏、速效伤风胶囊、感冒灵、去痛片、散利痛、扑感宁、儿童退热片等，每种药物中所含对乙酰氨基酚的剂量不同，为 120 ~ 500 毫克不等。

由于这些药物都属于非处方药物，因此大家都认为这些药物的安全性很高，副作用相对较小，使用时就放松了警惕，没有特别注意其中所含的成分，埋下了服药的隐患。

吃药太杂，容易过量

由于目前治疗感冒和发热的药物多以复合药物为主，每种药物的复合成分和比例不同，加上各个生产厂家不同，所以每种药物的商品名称也是多种多样。家长在给孩子自行选择非处方药时，往往只记药物的商品名，却忽略了其

服药1小时后孩子开始睡觉，这一睡就是五六个小时，而且很难叫醒。

抽血检查发现，“对乙酰氨基酚”的血液浓度增高，说明孩子的睡眠是药物过量引起的。

孩子所服药物剂量均遵从了说明书！

但是由于几种药物中都含有对乙酰氨基酚，叠加在一起就出现了药物的“过量”中毒现象。

中所含的药物成分。

对乙酰氨基酚服用过量，会对人体产生一定的副作用。早在20世纪60年代就有大剂量对乙酰氨基酚引起肝中毒的报道，以后的许多资料进一步证实，长期服用或过量服用这种药物，都有可能引起肝细胞坏死。过量的对乙酰氨基酚所生成的毒性代谢产物同样会损害肾脏，造成肾细胞坏死，特别是同时使用水杨酸钠（阿司匹林）或咖啡因时，更容易损伤肾脏。另外，所生成的毒性代谢产物也会直接作用于骨髓造血系统，构成破坏，有可能诱发血小板减少性紫癜或白血病。孩子过量服用扑热息痛，还可能引起中枢神经系统的中毒症状，导致嗜睡、大脑损害、神经功能减退等。

感冒用药注意事项：

· 给孩子使用治疗感冒和发热的药物时，不仅要关心每种药物的服用剂量，更要关注每种药物所含的药物成分。特别是在给孩子服用含对乙酰氨基酚的合成剂时，必须事先详细阅读说明书，弄清剂量再服。

· 避免同时服用两三种对乙酰氨基酚复合制剂，以防服用过量。

· 尽管对乙酰氨基酚服用过量时可能导致严重的肝、肾等功能损伤，但只要不超量、不久服，它仍然是非常安全有效的药物。家长不必因此而过于谨慎，以防孩子得病后不能得到及时有效的治疗。

孩子吃了几天止咳药怎么还在咳嗽？

我们平时谈及的儿童止咳药中，几乎没有真正“止咳”的效果。

止咳药具有一定的抗过敏作用，具有减轻呼吸道刺激等功效。

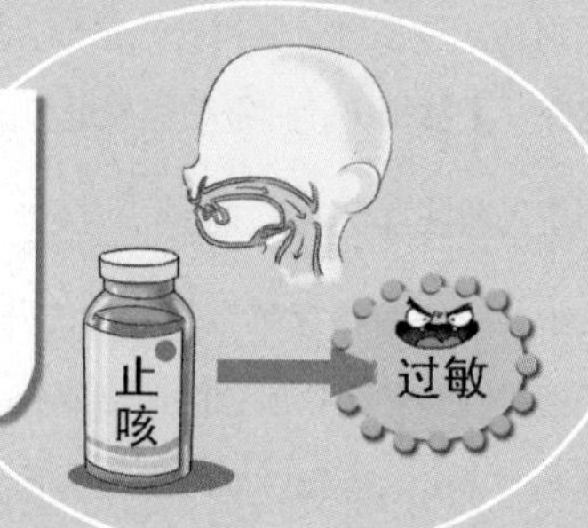

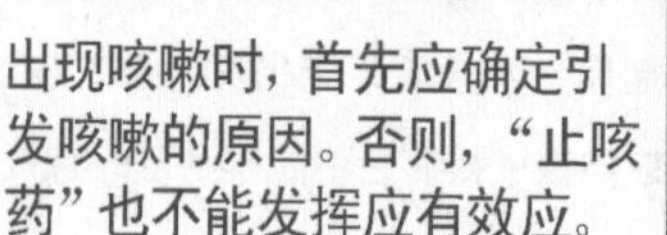

出现咳嗽时，首先应确定引发咳嗽的原因。否则，“止咳药”也不能发挥应有效应。

医生开的药是否要全部吃完

其实孩子生病以后，医生开的是两方面的药：一方面是治疗病因的药，另一方面是治疗症状的药。

治疗症状的药，家长在确定症状好了以后，就可以停下来。比如说退烧药，孩子退烧后就不需要吃了。但医生不一定能够预见会发烧多长时间，所以开的药往往是比实际需要的会多一些，避免孩子发烧一旦过长，家长要再去医院开药。

再有一个是治疗病因的药，对治疗病因的药物一定按医生说的时间用。比如说这次是细菌感染，可能会开了抗菌素；比如孩子过敏，开了治过敏的药等。孩子嗓子发炎，是严重的细菌感染，B 型溶血性链球菌，那用药的话，一定要用满 7 ~ 10 天，不论症状是否完全好转。

所以家长一定要问医生，分清楚哪些是治疗病因的药物，哪些是治疗症状的药物。治疗病因的药物，必须按医嘱进行；治疗症状的药物，家长可以根据孩子的症状自行掌握。

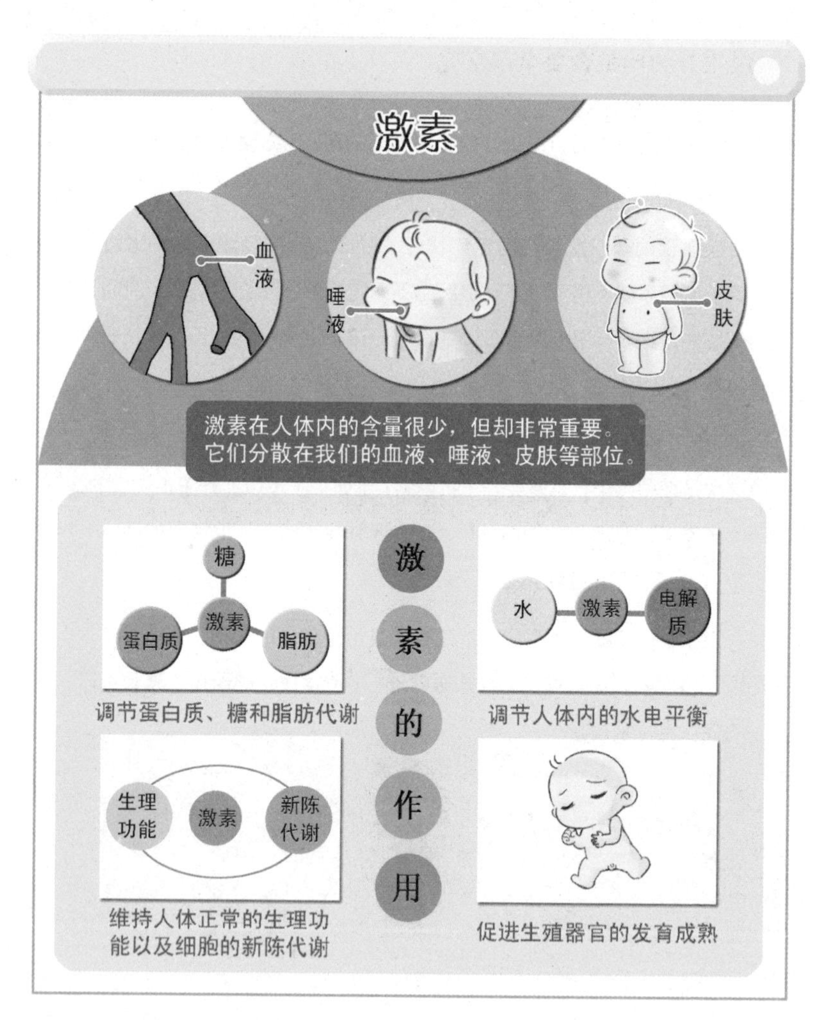
激素
血液
唾液
皮肤
激素在人体内的含量很少，但却非常重要。
它们分散在我们的血液、唾液、皮肤等部位。
激素的作用
糖
激素
蛋白质
脂肪
调节蛋白质、糖和脂肪代谢
水
激素
电解质
调节人体内的水电平衡
生理功能
激素
新陈代谢
维持人体正常的生理功能以及细胞的新陈代谢
促进生殖器官的发育成熟

激素是否值得恐惧

激素是由特定细胞分泌的，对它作用的靶细胞的物质代谢或生理功能体起调控作用的一类微量分子。

激素在人体内的含量很少，但作用却非常重要。当我们体内的激素水平正常时，我们是健康的；当激素水平出现任何问题时，都表明人体出现了异常状况。

我们体内的激素有上百种，它们分散在我们的血液、唾液、皮肤等部位，通过调节我们的新陈代谢、生命过程和生长发育而发挥作用。根据化学结构，激素可以分为四类：

第一类是类固醇，也叫肾上腺激素；

第二类是氨基酸衍生物，包括甲状腺素；

第三类是蛋白质类的激素，比如垂体激素、胃肠道的激素等；

第四类是脂肪酸衍生物，就是前列腺素。

激素有很多作用：调节蛋白质、糖和脂肪代谢，调节人体内的水电平衡，维持人体正常的生理功能以及细胞的新陈代谢，促进生殖器官的发育成熟。促进生殖器官的发育成熟的激素是类固醇激素，包含生长激素、性激素，只有这类激素才能引起性早熟，并不是所有的激素都能引起性早熟。医生在临床应用生长激素时是非常谨慎的，只有在孩子的性生殖器官发育明显滞后时才会用生

用激素会不会引起依赖？

很多时候是因为我们恐惧激素才造成了对激素的长期依赖。不按医嘱使用激素，不仅会让孩子接受更多的刺激，也不利于治愈疾病。

比如，孩子湿疹，医生让用湿疹膏，家长担心有激素不敢用，抹了一点，刚有好转就给停了。

因为没有彻底恢复，所以很快又复发了，不得不再用，稍稍好转，又给停了。

这样反复刺激，皮肤越来越敏感，导致你不得不常用激素来治疗。

所以，使用含激素类药物时，要严格按照医生开出的用量和时间，等病情彻底好转再停药。

长激素或者性激素来刺激生长，正常的孩子基本上不会用到这类激素。

如果疾病比较严重，需要口服较大剂量的激素治疗，就有可能对人体产生一定影响。首先是内在的激素分泌减少。因为外来的激素增多，身体为了维持平衡，就会减少内在的激素水平。

激素的另一个影响就是新陈代谢加快，孩子的饭量会增加，很快会胖起来。当疾病的调控达到比较满意时，就要慢慢停掉激素，不能一下子全停。因为外来的激素没有了，而人体的激素又不可能马上产生，导致孩子体内激素水平急剧下降，这种情况非常危险，甚至可能危及生命。所以，口服或注射的激素，只要连续使用超过 3 天，减量时就必须缓慢，等待内在器官的激素分泌慢慢达到正常水平，这样才是安全的。

在使用激素的时候，一方面要严格按照医生开出的剂量和时间，一方面要积极查找病因。比如咳嗽时，用了激素后症状有好转，并不是激素治好了咳嗽，激素只是对症，它只是控制了咳嗽的症状，要真正治愈咳嗽还是要找到引起咳嗽的真正原因，才能让咳嗽彻底消失。

这药含激素，能让孩子用吗？

只要能够正确用药，药物里你知道的激素并不可怕。

医生在临床应用生长激素时是非常谨慎的，只有在孩子的性生殖器官发育明显滞后时才会用生长激素或者性激素来刺激生长，正常的孩子基本上不会用到这类激素。

禁止偷窥！

可怕的是食物中你不知道的激素。家长可以尽量选择有机食材，尽量把食物做熟透了再给孩子吃。

因为在高温加热的过程中，食物的结构会变化，蛋白质会变性，与此同时，激素也会因蛋白质的变性而改变。

如何避免食入含激素的食物

很多爸爸妈妈都担心孩子吃了含性激素的食物会引起性早熟，因为食物中的激素我们无法察觉。

在饲养猪、鸡等动物时，如果在饲料中加入性激素，无疑会缩短它们的生长周期，提高产肉率。孩子吃了这些动物的肉以后，激素也会随着肉一起进入体内，虽然这种激素和人体的激素不完全相同，但仍然会有类似的作用，吃多了确实会引起孩子的性早熟。这时候就需要爸爸妈妈来把关，除了尽量选择有机食品外，食物的烹调方式也非常重要。

把食物中的激素降低的办法其实很简单，就是要把食物做熟，让食物熟透了。因为在高温加热使食物变熟的过程中，食物的结构会发生变化，蛋白质会发生变性，激素也会因蛋白质的变性而改变。

同样的一种食物，烹调方式不同，熟的程度也不同。比如鱼，清蒸鱼肉质嫩，口感好，但未必很熟，但炖鱼是熟透的。油炸的食品虽然在热油里炸，但烹饪时间短，也不一定能熟透，而小火慢炖的食物是熟透的。比如虾，白灼虾口感鲜嫩，因为烹饪时间短，蛋白质没有完全变性，而煮得时间长的虾，吃起来口感老，实际上是蛋白质变性了，肉里的激素也跟着改变了。煮鸡蛋和鸡蛋羹相比，前者要比后者熟，因为生鸡蛋是液体，鸡蛋羹是半固体，熟鸡蛋是固体，从液体到固体，蛋白质结构变化是最大的。所以，如果单纯追求口感和味道，可能蛋白质变异性不是很好，食物中的激素活性就比较好，孩子吃下去出现副作用的几率也比较大。

婴幼儿偶尔接受CT检查不会有伤害。只要在检查时，做好颈部和会阴部防护即可。

任何检查都可能有负效应。

抽血会痛，还会造成孩子恐惧。

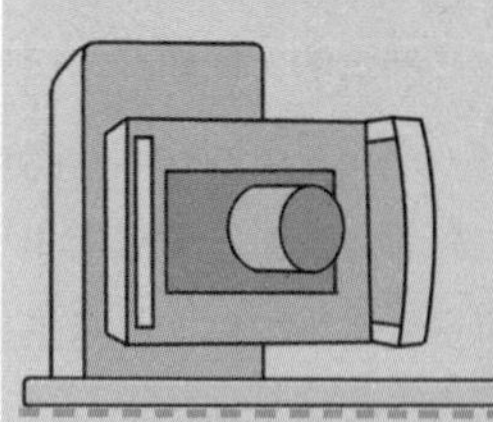

X光片、CT等X光检查，会有少量射线。

若只有通过这些检查才能弄清孩子的问题，且不做检查，存在的问题对孩子可能会有较大伤害，就必须接受检查。

千万不要避重就轻。关爱孩子不是躲避一切可能的损伤，而是避开严重的损害。

不要惧怕常规 X 光检查

当孩子出现外伤、肺部感染等时，医生会建议 X 光检测。很多家长担心 X 光以及 CT、核磁等的放射损伤。现在医院内使用的都是数字 X 摄像机，放射线非常有限。常规 X 光照相对孩子损伤极微。

一位外国专家曾经这么形容一次 X 光照相可能带来的损伤——一次常规 X 光照相接受到的射线如同乘飞机从纽约到旧金山在空中接受到的射线。虽然我们不愿意让孩子接受射线，但也不必恐慌偶尔的 X 线检查。

常规 X 光照相是针对性很强的操作。X 光照相时，人体重要部位一定要做好防辐射的保护，这是必须进行的保护。保护部位包括：颈部（保护甲状腺）和下腹部（生殖器官部位）。任何医院的放射科都有遮盖的铅衣，专业人员会帮助覆盖。

再有，不是特殊情况，不是非常必要，不建议接受 X 线透视检查。因为每次 X 线透视检查的 X 光量为一次 X 光片的数十至数百倍。

我认为应该听从医生的建议，如果需要，应该让婴幼儿接受 X 光检查。不要因小失大，毕竟医生建议接受 X 光检查，说明还是相当有必要的。关爱孩子不是躲避一切可能的损伤，而是躲避严重的损害。

宝宝腺样体肥大，可不可以不做手术，他才2岁，麻醉会不会对以后有影响？

提及手术，家长都非常担忧。担忧的重点多与麻醉相关。不论是腺样体切除，还是疝气修补，虽都属小手术，但必须在全麻下进行。

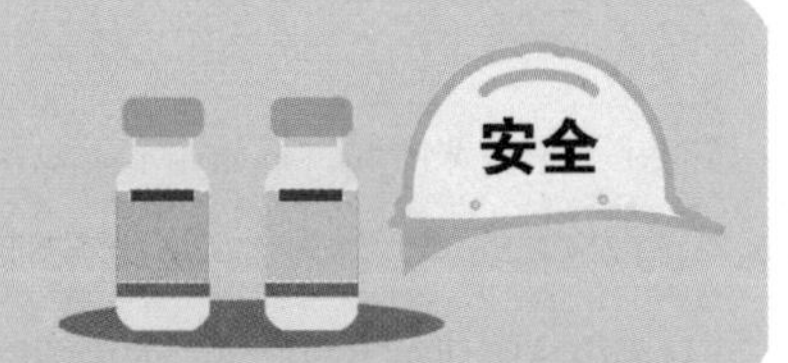
全麻实际上非常安全。现在使用的麻醉药为短效药物，起效快，失效也快，麻醉师很容易控制药量。
安全

麻醉是门科学。是否需要接受手术，家长应该听取医生建议，不要主观抗拒。

手术麻醉是否安全

对治疗霰粒肿、龋齿以及扁桃体摘除等“小”手术，应该在全身麻醉下进行，还是在局部麻醉下进行，国内外的观点有所不同。国外认为不希望因为小手术给孩子造成痛苦的回忆和心理创伤，另外，全麻状态下患儿不会哭闹，比较安全，所以会选择全麻状况下进行手术。

家长不需要太恐惧麻醉。现在的麻醉技术非常过关，麻醉药物也非常安全，不会出现“大脑受损”等危害。只要麻醉药的剂量掌握得适宜，手术后药物会很快从人体内代谢掉。麻醉药物属于“短效”药物，使用麻醉药物后起效快，所以需要持续输注；失效快，一旦手术结束，停用麻药，作用很快消失。

安全手术最为重要。一定不要因为担心麻醉药可能带来“不良影响”而耽误应该接受的手术。

疱疹性咽峡炎需要吃抗病毒药物吗？

不需要。

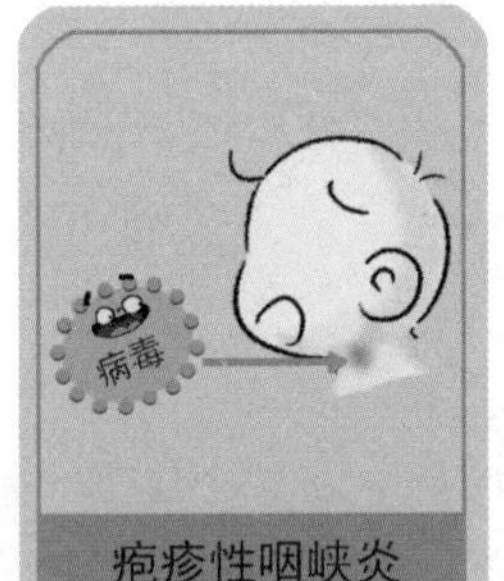

疱疹性咽峡炎是病毒引起的，但它是一种自愈性疾病。

经过一定时间便会自愈，注意多喝水，可以吃点含片以减轻局部疼痛。

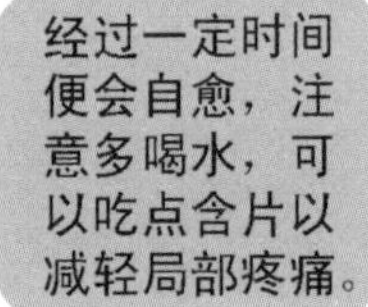

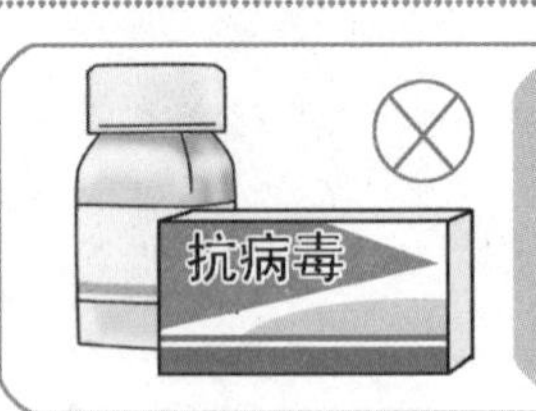

抗病毒药物副作用很大，一般疾病不主张服用。

为何尽量不用抗病毒药物

抗病毒药物是通过抑制细胞分化来治疗疾病，这类药物对所有细胞的分化都有抑制作用。

也就是说，它在抑制病毒复制的同时，也会抑制正常细胞的复制。正常的细胞一旦被抑制，出了问题，就有可能很严重。

抗病毒药物会致畸、致癌、致突变，这是所谓抗病毒药物的副作用。这种副作用，比抗生素类药物引起的副作用还要可怕。

现在有一种非常不好的现象，就是遇到呼吸道等感染时，抗生素和抗病毒药物联合使用，看似非常合理，实际对孩子损害很大。所以，除非是特殊的病毒，抑制它真的是为了救命，否则不主张使用抗病毒的药物。

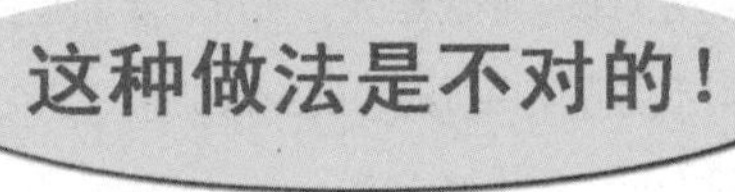

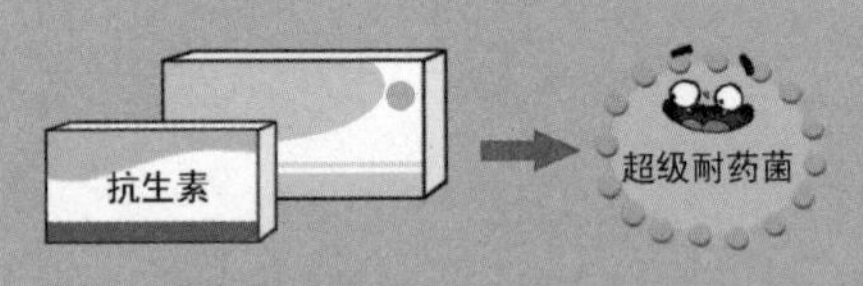

不合理使用抗生素容易导致整个菌群紊乱，还容易导致超级耐药细菌产生。

抗生素是处方药物，服用一定要遵医嘱。

不合理使用抗生素会有什么危害

在我们人体内，到处都有细菌，不是所有的细菌都是我们的敌人，我们的口腔内、耳朵里、鼻子里、肠道里存在很多细菌，这些细菌我们叫正常细菌，它们和我们人类是共存的。

抗生素的作用就是杀菌，病毒不是抗生素能够杀掉的。如果我们不合理地使用抗生素，就容易导致整个菌群紊乱，菌群紊乱以后，一是可能导致与抗生素相关的腹泻，再就是可能会导致霉菌的感染。没有有益菌钳制霉菌，会使霉菌得以滋生，用了抗生素反而延长了病程，加重了病情。但是不合理使用抗生素的真正危害还在于加剧细菌耐药的情况。抗生素在杀灭细菌的同时，也起到了筛选耐药细菌的作用。随着突变，少部分细菌产生新的耐药基因，它们在抗生素造成的生存压力下存活下来并继续繁殖，久而久之，耐药细菌就会越来越多，抗生素对它失去了治疗效果。如果过多地把抗生素用在不必要的地方，就会增加环境中的细菌接触到抗生素的机会，从而加快耐药菌群的扩张。不仅如此，绝大多数抗菌药物都不能杀死的“超级细菌”也产生了。

正确合理使用抗生素，需要医生针对疾病的特点，应用专业知识才能做出适当的选择。作为家长，不管孩子遇到什么问题，都要注意以下几点：1. 不要自己决定是否用抗生素。抗生素是处方药，必须经过医生的判断再使用。2. 不要自己停药或减量。抗生素并非用量越少越好，不足量的使用更容易催生细菌的耐药性。3. 不要追求新的、高档的抗生素药物。

为何我们去医院看完病后病情反而更严重了？
因为孩子到医院看病接触到的细菌都是耐药菌。
如果在家里能控制住病情，不去医院可以避免交叉感染，很可能病程会短一点。
哦，是这样啊！

4 崔大夫门诊问答

现在有种趋势，对不能明确是细菌还是病毒感染的呼吸道炎症，常常用支原体感染来解释。

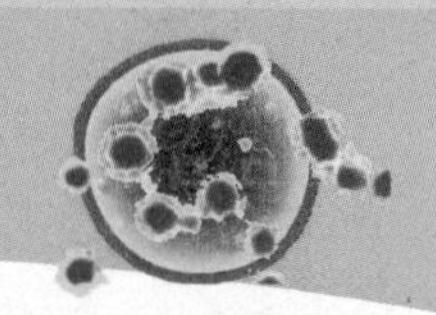

支原体是与细菌、病毒并类的病原微生物。对支原体感染应从两方面认识：

一是支原体感染容易出现肺炎，所以典型的右下肺炎，往往会与支原体感染有关。

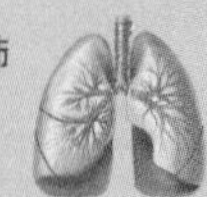

二是支原体感染病程相对长，临床快速诊断较难，易出现漏诊。

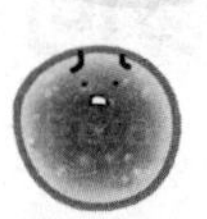

所以，就会出现太多的呼吸道感染落于“支原体感染”。

其实，怀疑支原体感染，应取血测支原体抗体。不要盲目治疗。

由于支原体对红霉素较为敏感，红霉素对胃肠副作用较大，所以常常选用红霉素的衍生物**阿奇霉素**作为常用药物。阿奇霉素属于抗生素，仍然具有可致菌群失调等副作用。

白细胞增高就一定是细菌感染吗

白细胞包括淋巴细胞、中性细胞、单核细胞、嗜酸细胞、嗜碱细胞这几类，白细胞总数高并不一定意味着细菌感染。除了看白细胞的总数，还要看下面的分类。分类一般要看淋巴细胞的百分比，中性细胞的百分比，还要看其他几类占的百分比。

任何炎症都会刺激白细胞增多，这是人体免疫系统保护人体的标志。细菌感染时，体内会动用大量中性白细胞，这时血液检测会显示白细胞和中性细胞增高。如果白细胞超过 15×10^9/L，中性细胞超过 80%，C 反应蛋白超过 30，说明体内细菌感染可能较严重。结合孩子情况，才考虑是否使用抗生素。

病毒感染时，血液中淋巴细胞增高，当然，同时白细胞总数也会增高。所以，不要单纯以白细胞总数作为依据。再有任何检测结果都属辅助检查。病史、症状和医生检查，是诊断疾病的主要依据。若症状不重，仅白细胞增高，完全可继续观察。一定记住，白细胞增高是免疫系统的保护反应。

感冒会转成肺炎吗

感冒不会转成肺炎。若孩子患有肺炎，早期也许与感冒症状相似，但症状会迅速加重，精神状况也会变差。

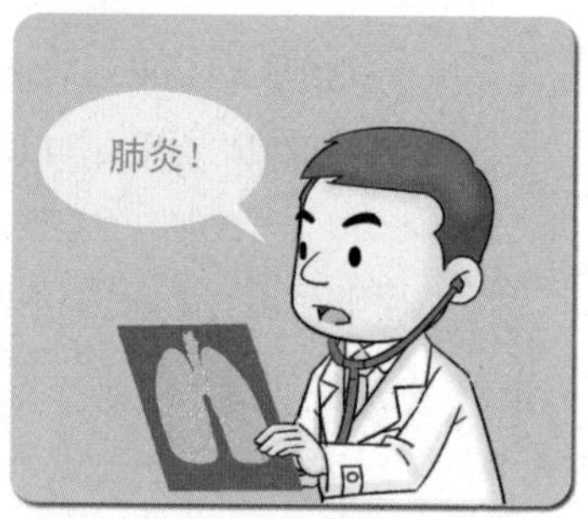

现在诊断肺炎过于草率，胸片上只要有点阴影，听诊时只要有点异常声音，就诊断为肺炎。

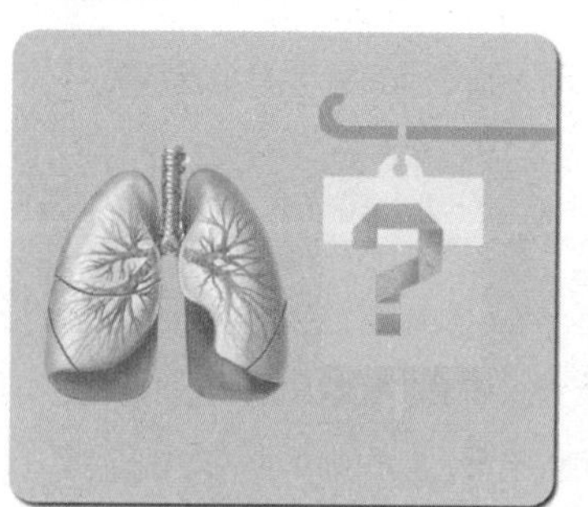

肺炎是否要输注抗生素，输注哪种抗生素，输注几天，应该与肺炎的性质和程度有关。

只有通过检查才能掌握肺炎的性质和程度。

感冒会转成肺炎吗

感冒不会转成肺炎。若孩子患有肺炎，早期也许与感冒症状相似，但症状会迅速加重，精神状况也会变差。

再有，现在诊断肺炎过于草率，胸片上只要有点阴影，听诊时只要有点异常声音，就诊断为肺炎。肺炎是严重的呼吸道感染，全身症状一定较重，不可能不声不响就发展为肺炎。千万不要小病大治。

肺炎是否要输注抗生素以及应该输注哪种抗生素，输注几天，应该与肺炎的性质和程度有关。只有通过检查才能掌握肺炎的性质和程度。对于这方面问题只有咨询给孩子看病的医生。

给孩子添加辅食要注意食物的性状

适合孩子的食物性状

孩子没有很好的咀嚼能力之前，应提供泥糊状食品。

否则孩子会直接吞食食物，不利于消化吸收。还有可能呛入气管，造成气管异物。

适合孩子的食物加工程度

不同加工方式可造成不同接受状况。如煮熟的鸡蛋黄要比蒸鸡蛋羹容易吸收。

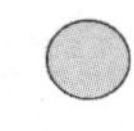

煮烂的肉泥要比搅拌机搅碎的肉泥容易吸收。

如何判断宝宝是不是消化不良

如果宝宝出现了消化不良，则意味着营养素的吸收受到了一定程度的阻碍。那么，宝宝一段时间内的生长会受到影响。如果他的身高和体重在这段时间内增长非常好，家长则不需要在意。如果这段时间内，身高和体重增长偏慢，就需要找医生去寻找原因。

一定以孩子的生长状况作为标准，而不是以家长在意的其他过程作为标准。孩子长得不好，家长认为自己做得再好，也是有问题的。只要孩子长得好，家长再担心某些问题，应该也不是大的问题。

所以一定抓住我们观测的最终目标，就是生长。从生长状况反过来看问题的严重程度。如果说这个问题严重程度高，要尽快看医生。严重程度不太高，可以择期看医生。如果没有影响，可以不用看医生。

崔大夫，孩子咳嗽痰总吐不出来，怎么办？

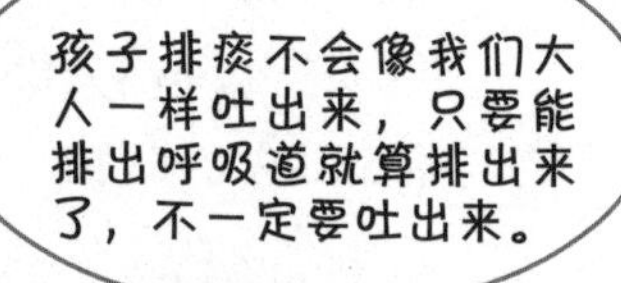
孩子排痰不会像我们大人一样吐出来，只要能排出呼吸道就算排出来了，不一定要吐出来。

小孩子咳嗽排痰排不出来怎么办

大人认为孩子有痰排不出来，有两种情况：

第一种情况，确实是呼吸道的分泌物排不出来，还存在于呼吸道内，可能我们会听到孩子总是发出呼噜呼噜的声音。这时候首先要把呼吸道分泌物变稀，然后通过拍背这样的方式来帮他排出。可以把浴室里的蒸汽放足后，让孩子待15分钟，孩子吸了很多的蒸汽，分泌物就变湿、变稀，这样的话，我们就通过拍背，促进他咳嗽。

第二种情况，虽然孩子没有吐出来，实际上已经排出了呼吸道，多半被咽下去了。一定要观察或听肺部的这种痰声是否还存在。比如孩子经过哭闹吐了一大口奶，实际上其中带出了分泌物。所以他们有各种各样的方式排痰，唯独不像我们大人吐出来。只要能够排出呼吸道，就算痰排出来了，不一定像我们成人一样吐出来。家长掌握了这些，就不会过于忧虑了。

这孩子，把尿的时候不尿，
一放床上就尿！
这就是建立了一种错误的反射。这时候我们应该给孩子穿上纸尿裤，不要给他任何刺激。第二天去观察夜里纸尿裤是不是湿了，等到夜里睡觉纸尿裤基本不湿的时候，我们就可以顺势把纸尿裤摘下来，让孩子轻松睡觉，逐渐培养孩子憋尿的反射。

孩子3岁了，还尿床怎么办

首先要了解尿床的原因是什么。是不是孩子太紧张？是不是家长太紧张？如果家长每天和孩子去说你千万别尿床，或者是晚上频繁让孩子排尿，那孩子就不会产生自己憋尿的意识。这时候我们应该给孩子穿上纸尿裤，不要给他任何刺激。第二天去观察夜里纸尿裤是不是湿了，等到夜里睡觉纸尿裤基本不湿的时候，我们就可以顺势把纸尿裤摘下来，让孩子轻松睡觉，逐渐培养孩子憋尿的反射。

不少家长因为担心孩子尿床，经常去刺激孩子。家长们往往是太主观地去控制孩子，导致孩子的憋尿反射，要不缺失，要不不足，甚至出现逆反。很多家长说，半夜叫醒孩子把尿时不尿，刚放床上就尿，其实就是因为建立了一种错误的反射。所以，尊重孩子的自然发育，如果到3岁以后，还频繁尿床，我们可以去看看神经科，看看他是不是真的发育上有点问题，但这种情况一般都是比较少的。

如果孩子睡觉时张嘴呼吸，出现鼻塞和打鼾现象，代表上呼吸道部分梗塞。

家长应该带孩子到耳鼻喉科检测确定是扁桃体肥大，还是腺样体肥大，或者是两者都肥大。

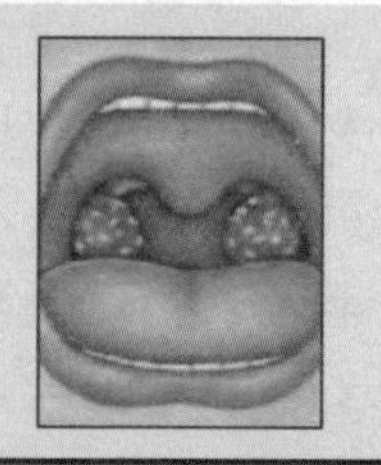

扁桃体肿大可部分阻塞上呼吸道，易造成打鼾、睡眠呼吸障碍等。及时去除引起扁桃体肿大的原因非常重要。

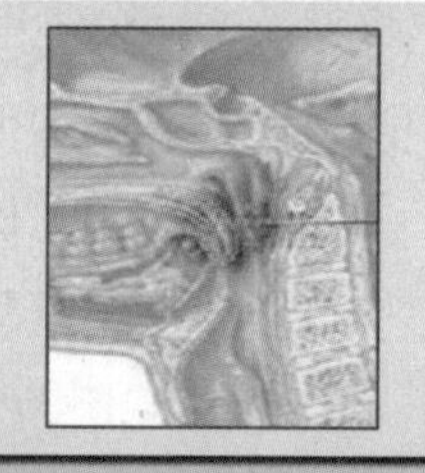

肥大的腺样体会压迫听神经，损伤听力等，应手术治疗，如不及时手术，就会因为慢性缺氧影响孩子生长发育。

引起扁桃体肥大和腺样体肥大的原因，往往也是过敏。预防过敏至关重要。因而出现鼻塞、打鼾，别忘寻找过敏原。

宝宝晚上睡觉打呼噜怎么办

只要打鼾，就代表上气道不通，或者通畅度不好。这时候应该去看耳鼻喉科。看打鼾的原因是什么，是鼻黏膜的肿胀，鼻后部的腺样体肥大，还是扁桃体的肿大，找到原因以后，我们才能去考虑通过什么样的办法去治疗。

一般的治疗，都是局部用药，严重的可以靠手术切除。但是引起肿大的根本原因，往往是过敏。扁桃体、腺样体的频繁肿大，或者是肿胀到一定体积以后不会再往回缩的话，基本上是跟过敏有关系的。所以，还要寻找过敏原、去除过敏原，结合局部的用药治疗或者是手术治疗，才能从根本上纠正打鼾。

宝宝11个月发育正常，母乳喂养+辅食，每天仍然坚持服维生素D，间断补过钙剂。为何检测出骨密度中度低下呢？难道孩子缺钙吗？需要加大补钙的剂量吗？

婴幼儿处于生长旺盛阶段，包括骨骼不断拉长。相对低下的骨密度才有可能使更多钙质不断进入骨骼，骨骼才可不断拉长。

母乳、配方粉喂养、均衡婴幼儿辅食（如婴儿营养米粉）等都可提供充足钙质。母乳喂养婴儿应补维生素D，仅补钙不能获得预想效果。

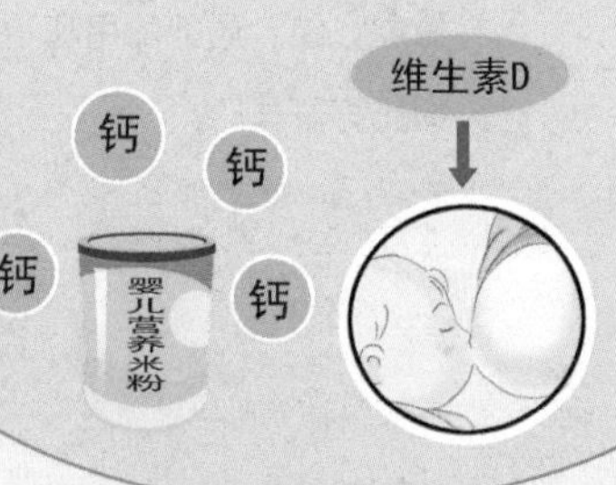

不是钙、维生素D补充越多，越利于婴儿生长发育，补充过量有可能引起婴儿便秘、肾结石，甚至颅骨间缝隙和前囟门过早闭合等。

孩子骨密度低代表缺钙吗

骨密度，代表的是骨骼内钙质沉着的程度。如果成人骨密度低，那么代表了缺钙，需要补钙。如果儿童骨密度低，说明孩子长得比较快。孩子和成人骨密度低的概念完全不同。因为孩子生长快，才有更多的钙质沉着进去。也就是说，骨头在长长过程中必然有空隙，钙质才能被吸收进到骨骼内。如果没有空隙了，孩子就不长高了。所以孩子骨密度总是轻度的、中度的甚至重度的偏低，才能有更多的机会让钙质进去。

唯独需要注意的是，孩子测骨密度极低的时候，运动外伤后容易出现骨折。因为生长拉长过程中，钙质还没有沉着进去，比较脆弱，所以容易出现骨折。只要平常的饮食中钙是足够的，就不需要额外补充。如果真的是骨密度低，又觉得一段时间内不能改善，那可能是维生素 D 摄入不足。要增加维生素 D 的摄入，以帮助从食物吸收到血液里的钙进入到骨骼内。所以骨密度低和缺钙本身没有直接关系。

宝宝油耳朵，长大狐臭怎么办？
油耳朵是遗传，至少父母一方是油耳朵。
但和狐臭没有必然关系。

油耳朵的宝宝会有狐臭吗

首先，油耳朵（湿耳）不是病，是遗传所致，父母一定至少有一方是油耳朵。因为我们的耳朵，不是分泌屑状耳垢的干耳朵，就是分泌黄色或褐色油性黏稠物质的油耳朵，这个完全是不同的类型，不是疾病，不是正常与非正常的关系。

油耳朵的孩子，油脂比较旺盛，但跟狐臭没有直接关系。西方人油耳朵多，狐臭相对也多。但既是油耳朵，又有狐臭，这存在一个比例问题，并不是油耳朵的人一定有狐臭。

东方人因为干耳朵较多，所以油耳朵看起来相对比较特殊。油耳朵在护理上也并没有什么特别需要注意的问题，正常护理即可。但如果孩子本身是干耳，突然之间耳朵开始流水，这种情况往往是孩子得了中耳炎或外耳炎，家长就需要带孩子去看医生了。

崔大夫，宝宝
咽喉红肿厉害
怎么办？

只有等待，没有别的办法。让他尽可能地安静，尽可能地舒服。可以用点解热镇痛药，也就是发烧时用的退热药。

宝宝嗓子发炎不喝奶
不吃食物怎么办？

无论是病毒还是细菌引起的咽、喉部的发炎，都可能会影响孩子进食，特别是疱疹性咽峡炎或是手足口病，咽部的小泡会破溃，形成众多的咽部溃疡，导致孩子进食、进水的时候咽部会有疼痛，所以孩子可能会拒绝喝奶或是吃饭。家长可以选择让孩子吃一些偏凉的流质食物，如凉奶、偏凉的稀粥。

小朋友喉咙红肿发炎怎么处理

喉咙的红肿是一个炎症反应，这个部位受到任何的刺激，都可能红肿。比如我们讲话时间很长后会红肿；孩子剧烈地哭闹后会红肿；外边冷热空气刺激后也会红肿；当然感染也会红肿。所以，家长首先要找到红肿的原因是什么。如果伴有发烧咳嗽，是感染促成的，只有细菌感染，才需要用消炎药；如果病毒感染的话，就等待。

局部红肿这种状况应该如何处理？其实只有等待，没有别的办法。有家长问我喷点药不可以吗？大家试想，给小婴儿咽部喷药，其实是个大工程，因为他不像我们大人能够自控。所以只能让他尽可能地安静，尽可能地舒服。如果孩子真的喉咙疼得很厉害，他会哭闹得比较厉害，我们可以用点镇痛药。婴儿的镇痛药也就是发烧时用的退热药，因为退热药的全称叫解热镇痛药，比如对乙酰氨基酚或布洛芬就可以。

应对扁桃体的发炎而引起的发热，病因可能是感染，也可能是过敏，首先应该向医生寻求帮助，寻找孩子反复发作的原因。

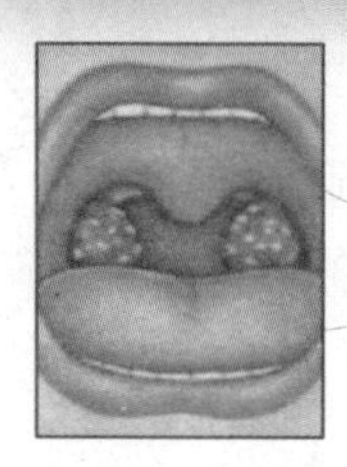

如果扁桃体反复感染化脓发炎，或者扁桃体肿大，都容易造成呼吸道阻塞、打鼾、睡眠呼吸暂停、慢性缺氧甚至面型改变，建议还是到五官科与医生进行协商，通过手术的方式摘除扁桃体，对孩子的生长发育更加有利。

扁桃体一发炎就发烧需要切掉吗

如果因为扁桃体的发炎而引起的发热，家长应该关注两个事情。

一个事情是原因是什么？是否是因为反复的有一些细菌感染还是因为扁桃体肿大以后容易继发细菌感染？是否和过敏有关？家长应该向医生寻求帮助，寻找孩子反复因为扁桃体发炎而引起发热的原因。

第二个家长需要考虑的就是是否会因为扁桃体肿大后引起呼吸通畅不良？我们可以想象，如果扁桃体肿大后恢复不到原位，那么呼吸道就会变得相对狭窄，孩子就会出现打鼾的现象。

如果反复的扁桃体化脓发炎，同时还造成了呼吸道阻塞的现象，我们建议还是到五官科与医生进行协商，通过手术的方式摘除扁桃体，对孩子的生长发育更加有利。

婴儿的面部、颈部和身上有时会出现小米粒大小的
红疹子或者白色小泡，是典型捂热引起的热疹。
孩子身体代谢快，比成人
耐寒，不需要穿盖太多。
孩子吃奶后容易出汗，每次
母乳喂养后，用柔软的干毛
巾/纸巾轻轻擦拭脸部。

红疹与母乳喂养有关吗

有的家长反映说，孩子面部、颈部和身上长了小米粒大小的红疹子，是因为母乳喂养吗？需要停掉母乳吗？

孩子面、颈部小米粒大小的红疹，有些出现小白泡，是典型捂热引起的热疹。为何把母乳喂养停掉？解决方法是不要给孩子穿盖过多。每次母乳喂养后，用柔软的干毛巾/纸巾轻轻擦拭脸部。除面、颈部以外，还要注意身体其他部位有无类似皮疹。一定不要给孩子捂得过多！孩子身体代谢快，相对成人耐寒，但怕热。

牛奶蛋白
如果是配方粉喂养的孩子反复出湿疹，需要把配方粉更换成水解蛋白的配方粉。
普通配方
水解蛋白
如果是母乳喂养的孩子，母乳妈妈应该适当地避食，比如说停掉牛奶、鸡蛋这些高蛋白的食物，从生活中寻找过敏原。妈妈适当避食的同时观察孩子湿疹的表现。

宝宝反复湿疹怎么办

湿疹是粗糙的、脱屑的、有裂口的伴随痒感的疹子，如果宝宝反复出现湿疹，那么我们应该考虑与过敏有关系。如果是配方粉喂养的孩子就比较简单，我们能够想到是配方粉引起的，更换成水解蛋白的配方粉就好了；如果是母乳喂养的孩子，母乳妈妈应该适当地避食。

当然，提醒一下家长，母乳喂养的孩子如果出现反复的湿疹怀疑过敏的话往往也与牛奶有关。是因为孩子早期吃过配方粉，导致对母乳的成分交叉过敏。妈妈要限制自身的饮食情况，比如说停掉牛奶、鸡蛋这些高蛋白的食物，从生活中寻找过敏原，妈妈适当避食的同时观察孩子湿疹的表现。

对鼻塞，先分辨是分泌物阻塞，还是鼻黏膜肿胀所致。可用家用小手电观察，也可请教医生。若是分泌物阻塞，可用温湿毛巾敷鼻，或在鼻腔内滴少许生理盐水等方法，还有，孩子打喷嚏或用吸鼻器吸都有一定效果。若是鼻黏膜肿胀，在肿胀阻塞严重时可适当使用喷鼻剂，比如羟甲唑啉。慎用治感冒的药物。

在固定环境中孩子频繁打喷嚏、流涕、鼻塞，换环境就会明显见好，应怀疑对这环境中某些吸入物过敏。若每日早晨出现症状，则应考虑早晨与平日环境有何不同？可考虑床上用品，如枕头、床垫；可考虑室内装饰等。在同样环境下，服用西替利嗪等抗过敏药，症状明显好转，建议检查过敏原辅以寻找原因。

孩子鼻塞为什么总不好

无论是感冒还是其他原因导致的鼻塞，都会影响到孩子的吃奶和睡眠。这时候家长首先要用手电观察一下，看看这个鼻塞是因为鼻黏膜肿胀造成的，还是因为分泌物堵塞造成的。

如果是鼻黏膜肿胀造成的，应该找医生开一些喷鼻药，使鼻黏膜适当地收缩，以缓解鼻塞的情况；如果是因为分泌物阻塞造成的，我们可以使用海盐水喷鼻，甚至可以用盐水冲洗鼻子，这样可以使分泌物尽可能排出。

千万不要认为鼻塞只能用一种方法解决。要不就是用点药，要不就是喷海盐水，因为使孩子鼻塞是有两方面的原因，一个是鼻黏膜肿胀，一个是分泌物阻塞，针对原因进行治疗才能达到效果。

6岁宝宝发烧，咳嗽有痰已经4天多了，一开始体温在37℃至38℃之间，喝了感冒药阿莫西林。到了第4天凌晨体温39.9℃，去医院检查化验说是病毒感染，医生让输液，因为担心副作用只让开了药，晚上给孩子用康体膏擦拭额头和前胸后背，温度降了下来，可是到了凌晨又升温，这种反复发烧非得输液才能好吗？还需加药吗？

既然诊断了病毒感染，就意味使用抗生素无效，需等待5～7天。高热是病毒感染的主要症状，要保证充足的液体摄入量，再有高热时服退热药，还有咳嗽等对症治疗，最后就是等待再等待。输液和吃抗生素并不能真正起到治病作用，还可能起到反效果。

宝宝病毒感染反复发烧怎么办

有些宝宝发热后体温反复升降，让很多妈妈忧心不已。去看病的时候，不知道选择什么样的治疗方法，既担心体温升高烧坏孩子，又担心输液用药等会产生副作用。

首先要知道，发热只是症状，不是一种疾病，不能仅通过发热确定疾病性质。家长要观察：除了发热，孩子有无其他症状？如果没有其他明显不适，可在家继续观察。孩子发热多是病毒感染所致，绝大多数可以在3~5天内自愈。如果确定了是病毒感染，使用抗生素是无效的，要注意多休息，多补充液体（包括奶），高热时可服退热剂；同时注意观察孩子有无其他不适，及时跟治疗医师沟通反馈；如果有咳嗽症状，则对症下药。再有就是耐心等待！

静脉输液不是退热良招，有可能造成输液反应；抗生素更不是退热良药。对待感冒等常见病，只有对症下药加上耐心等待。

宝宝吃母乳，舌苔总是很厚很白，
可以用煮过的纱布去擦吗？

绝对不能用纱布人为去除舌苔，即使很厚，也不能人为去除，否则容易造成舌面和味蕾的损伤。口腔内若有细菌感染引起的口疮，需口服或涂抹药剂治疗。

孩子口中有异味、舌苔厚、口气重，多是便秘引起的，与消化有关。建议家长多给孩子吃一些青菜。如果不能接受较多的青菜，可以服用纤维素制剂，比如乳果糖。如果服用乳果糖期间，同时口服益生菌，解决便秘的效果会更好。便秘得到解决，舌苔厚、口气重、排气多等都会好转。

可否用舌苔判断孩子是否生病了

舌苔是一种中医的说法，往往代表肠道的消化功能，其实西医有的时候也会去观察孩子的舌苔，了解一下孩子的消化状况。当孩子出现便秘、消化不良的症状时，舌苔都可能会出现变化。对于小婴儿来说，由于消化功能还不健全，所以吃奶的时候往往会有舌苔，这也是很正常的现象；对于大点的孩子来说，出现舌苔往往说明孩子的消化出现了问题，其实不是消化本身出现问题，而是孩子得了一些疾病导致消化功能出现了下降。

有的人说吃多了可能会引起发热，实际上是发热导致肠道功能的下降，所以对待孩子的舌苔，不要仅仅考虑是原发的消化道问题，很可能是继发于其他问题导致消化功能的下降。对于舌苔来说，我们可以调节消化功能来改善，比如说多进食一些纤维素类的食物等，使肠道的功能恢复健康，舌苔就会逐渐消失。

常见抗生素种类：

青霉素类：如青霉素、氨苄青霉素等；
头孢菌素类：如头孢克肟；
大环内酯类：如红霉素、阿奇霉素等。

孩子腹泻的时候能不能吃抗生素？

腹泻有很多原因，有感染原因和非感染原因。感染原因主要是病毒也可能是细菌，非感染原因可能是因为过敏或是食物的性状而导致的孩子消化不良。孩子腹泻后家长需要做的第一件事，是把孩子的大便标本送到医院去检查，根据检查结果决定是否使用抗生素。如果是严重的细菌感染，当然就要服用抗生素；但如果不是，也不要只是因为腹泻本身的严重程度来决定使用抗生素。

到底哪些药是抗生素

可能大家对“抗生素”不是很熟悉，但是大家都知道消炎药，实际上消炎药就是我们医学上所说的抗生素。抗生素包括很多类，最常见的青霉素类，包括青霉素、氨苄青霉素等；头孢菌素类，如头孢克肟；还有大环内酯类，如红霉素、阿奇霉素等。这些抗生素都是针对严重的细菌感染或是特殊的病原微生物，如支原体，但是并不治疗病毒。

大家一定要知道，抗生素是不治疗病毒性疾病的，而在孩子常见的发热中，最常见的原因就是病毒感染，高发率95%以上，也就是说不要用抗生素治疗发烧，也不要反过来认为发烧可以用抗生素治疗，所以我们一定要正确地使用抗生素，使其发挥该有的作用，避免滥用抗生素。

① 外出旅行首先必须带的就是退热剂。孩子出现高热时，先服用退热剂，避免因为体温过高而出现热性惊厥。

② 带上一些益生菌。在孩子消化不好的时候，给孩子进行饮食调节。

③ 带上一些外用的药品，快速处理擦破、蹭破等。

④ 如果去南方或是热带地方，可以带上防晒霜。

崔医生建议的常备药

每逢春节和长假期，很多家长会带着孩子外出，可能是回老家也可能是去旅游，这个时候家长就会问一些问题，给孩子带点什么药好呢？也就是说常备点什么药？

第一个大家必须带的就是退热剂。如果孩子出现高热的话，那么家长不要直接抱着高热的孩子去找医院看病，应该先给孩子吃退热剂，这样可以避免因为体温过高而出现热性惊厥，然后再去合适的医院。

再有，家长可以给孩子带上一些益生菌。在孩子消化不好的时候，家长可以给孩子进行饮食调节。

第三，家长还可以带上一些外用的药品，如果孩子出现擦破、蹭破等也好处理。

第四，家长如果带孩子去南方或是热带地方，也可以给孩子带上防晒霜，避免孩子被晒伤。

抗生素和感冒药我们是绝对不建议家长当做常备药给孩

节假日带孩子到外地注意事项

提前在行李箱里装好适当的药品和保健品；

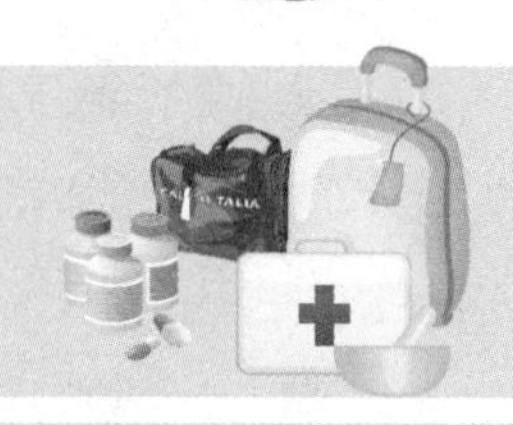

了解该地的天气预报情况和交通出行信息；

了解当地的饮食习惯；

简单了解当地的药店和医院信息。

子带的，如果出现这类病症，最好的处理方法还是在当地及时地看医生。

注意：身处外地，不建议家长自行给孩子服用抗生素和感冒药等，应该由医生进行专业的诊疗来决定服药种类和剂量。

湿疹和热疹的区别

湿疹是指干性的、脱屑的、成片的，可能存在裂口或是渗出液，且渗出液会很快干燥结痂的疹子，而且伴有奇痒。

热疹是那种米粒样或是针尖样的红点，即使是疹子连接成片，也能看见特别清晰的、小米粒样的疹子，往往与出汗有关。

热疹在夏天容易出现。因为家长总是怕孩子着凉，给孩子穿得过多或是睡觉时盖得过多。

保持空气通畅、温度恒定、身体干爽可以有效预防孩子出现热疹。

不同程度湿疹的三级治疗方案

因为湿疹多是过敏造成的，所以抹激素药膏就会好转，但是因为根源不在皮肤上，所以不抹激素药膏后它又会出现。

对于湿疹的治疗，要根据它的严重程度来定，而不是笼统地定义为今天用什么，明天用什么，因为孩子身上不同部位的疹子严重程度也不一样，皮肤有破溃、渗水的地方，用药和皮肤完整的地方是不一样的。

破溃、出水的皮肤用激素药膏加抗生素药膏

我们的皮肤表面附着很多细菌，如果皮肤是完整的，这些细菌不会对皮肤造成伤害。如果皮肤的完整性被破坏，屏障功能出现问题，细菌就会通过破溃处进入血液，引起皮肤感染。

当湿疹出现渗水、渗血、红肿时，说明皮肤的表皮已经

- 给孩子吃“海淘”的营养品和药品时，一定要留意成分和剂量；

- 用纸、笔或是手机拍照，记录下药物名称、成分等信息，便于医生了解情况；

- 多与医生或专业营养师交流，不要盲目跟风购买。

被破坏，合并有皮肤感染，这时候我们要用激素加抗生素的治疗方法，而不能只用激素药膏治疗。较常用的激素药膏是氢化可的松，抗生素较常见的是百多邦软膏，最好不要用红霉素，因为它油性成分含量较多，同样会渗到皮肤里层，引起过敏。用了激素药膏和抗生素药膏后，皮肤很快会出现好转，一两天后，破溃的皮肤就会变完整了。

皮肤有破溃时，不要给孩子用保湿霜、润肤露，因为它们所含的成分会通过破溃处进入血液，造成孩子对保湿霜和润肤露过敏，要在孩子皮肤完整以后才能使用。

皮肤完整后用保湿霜

当皮肤不再渗水，也没有裂口了，说明皮肤已经完整了，这时候的治疗要换成第二阶段：保湿霜。

皮肤有裂口、渗水的时候，因为完整性被破坏，水分流失得很多，这时候皮肤特别容易变得干燥，所以湿疹又称为干性皮炎，而干又会加重湿疹，所以要用保湿霜将皮肤水分锁住，使皮肤变得比较润泽，帮助湿疹恢复。因为患湿疹时

皮肤比较敏感，所以要选用温和的儿童专用保湿霜，充分涂抹在皮肤上。

皮肤颜色基本正常后用润肤露

用了保湿霜后再观察皮肤的表现，发现皮肤表面的颜色基本正常、没有红肿现象后，就可以转入第三阶段的治疗，即使用润肤露，继续为皮肤保湿。治疗湿疹时，皮肤的清洁也很重要。因为湿疹特别容易出现感染，为避免感染，必须每天给孩子洗澡，但每次洗澡的时间必须短，不能泡澡或游泳，不用浴液，只用温水洗。因为皮肤破溃时，如果使用浴液，也会造成浴液渗入皮肤，引起感染。

女儿一岁二个月，突然左边鼻孔流鼻血，不知道怎么回事？

爱流鼻血虽常说与空气干燥、喝水不够等有关，实际上与过度护理孩子鼻腔有关。遇孩子鼻内出现分泌物时，“及时、彻底”清除，或每天定时用吸鼻器“清理”鼻腔，都会对鼻粘膜造成损伤性刺激。鼻粘膜下血管极为丰富。若鼻粘膜受损，极易在任何刺激下出现粘膜破裂而出血。出血时，将鼻翼向中线按压，可快速止血。止血后，用浸满橄榄油的细棉签，涂抹鼻内黏膜。坚持数周至数月，使鼻粘膜有很好的恢复机会。如果流鼻血较为频繁和严重，去耳鼻喉科治疗。

婴幼儿支气管炎怎么办

因为小婴儿呼吸道发育不成熟，所以会经常出现毛细支气管炎的现象，毛细支气管炎好发于秋冬季，多是病毒感染所致，有一种病毒叫做呼吸道合胞病毒，英文缩写 RSV，也是一种 RNA 病毒，可以通过孩子的鼻黏膜分泌物进行检查最后决定（注意：抗生素对呼吸道合胞病毒无效）。孩子感染这种病毒的表现是发热、咳喘，特别是以咳喘和呼吸困难为主，遇见这样的情况，医生会建议孩子做雾化吸入，可以吸入一些扩张支气管的药物，这样经过一段时间的努力，就会使孩子的疾病得到逐渐的控制。

因为雾化吸入机的噪音，可能孩子接受起来会有些困难，还有就是因为雾化时会对孩子的呼吸道造成湿化，同时由于吸入湿化的空气，孩子更加拒绝，可能会出现哭闹，在孩子哭闹时，其实雾化吸入的效果会更好些，那么这时候就需要家长的安抚和配合了。

如果是呼吸道感染，就是呼吸道的分泌物造成的，可以给孩子进行湿化呼吸道来解决。比如说，大人洗澡的时候让孩子在浴室内多待一段时间，蒸汽会使呼吸道内的分泌物膨胀，利于咳出。如果没有任何疾病，只是觉得平时嗓子里总是有口痰，实际上是喉软骨软化的问题，因为孩子比较小，遮盖喉部的软骨还比较薄，呼吸的时候就会产生喉部的颤动，家长误以为是孩子喉部有痰。随着孩子年龄的增长，6个月时就会减轻很多，1岁时这种情况基本消失。

孩子扁桃体发炎怎么办

扁桃体发炎是儿童常见的上呼吸道感染的一种，扁桃体发炎多是由于细菌感染引起。我们多可以通过蘸取上面的分泌物，进行化验，看看是由 A 型溶血性链球菌还是其他细菌感染所致。但是总体来说有个原则，反复出现扁桃体感染，并不意味着是扁桃体的原发感染所致，很可能是过敏导致的扁桃体增大，然后继发的感染。

所以我们在控制感染以后一定要寻找引起扁桃体肿大的原因，如果是由于过敏引起，我们要及时去除过敏原，这样才能避免以后的扁桃体的发炎，从根本上扭转扁桃体反复发炎的现象。

家长千万不要认为扁桃体发炎后用药治好了以后就没事了，一定要找到原因，从根本上去除。

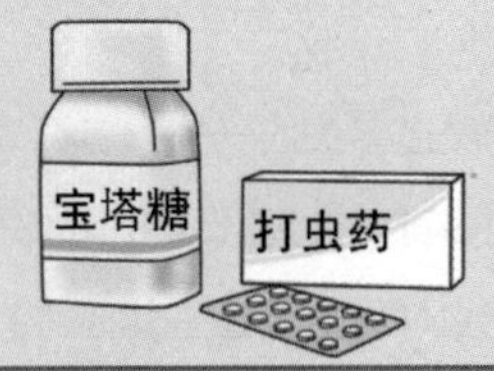
宝塔糖
打虫药

记得我们小时候常常吃打虫药、宝塔糖，把寄生在肚子里的虫子排出来，有时候也确实能打出虫来。

现在的小朋友好像吃打虫药的不多了，我给孩子吃了也没有排出虫，不知道孩子没有虫还是什么原因？

孩子也经常玩一些脏东西，还把手往嘴里塞！

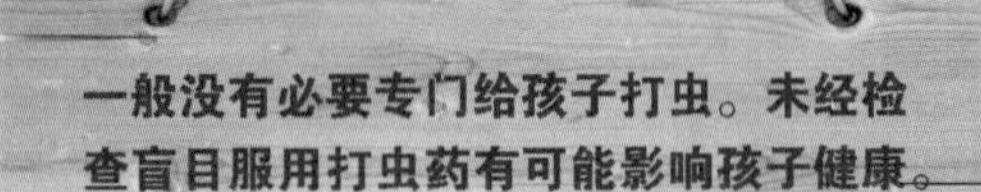
一般没有必要专门给孩子打虫。未经检查盲目服用打虫药有可能影响孩子健康。

要不要给孩子吃打虫药

蛔虫、蛲虫等寄生虫卵都生活于潮湿的环境，比如湿润的土壤中。如果孩子经常玩土，才有可能接触到虫卵，进而有可能吃进虫卵，导致常见的蛔虫或蛲虫病。

现在的孩子玩土的越来越少，得上这些寄生虫病的机会也越来越少。有不少家长认为孩子面部出现白斑，即应吃打虫药，这种说法是不对的。面部出现白斑，不是寄生虫感染的主要征象，可能与癣等因素有关。

一般没有必要专门给孩子打虫，未经检查盲目服用打虫药有可能影响孩子的健康。

宝宝从一岁半到现在一岁八个月了，总是踮脚走路，经常用交叉脚跑步。需要去医院检查吗？如果要去医院看什么科室？有些育儿知识说是脑瘫，但宝宝会说话，口齿清晰，记性也好！这是为什么？

“走路总踮脚，常交叉脚跑步”，是典型下肢运动功能障碍的表现——脑性瘫痪的典型表现。脑性瘫痪是运动功能障碍，从下肢运动障碍开始，逐步向上发展，并不一定影响智力，轻者能说话。但也必须积极康复治疗，否则会影响今后运动发育。千万不要仅满足婴儿部分功能正常，必须全面发育。

早产儿脑瘫前期症状有哪些

大家对于脑瘫这个词并不陌生，脑瘫指的就是脑性瘫痪，是脑处理运动功能障碍的表现，影响的是今后孩子的行走和表达，所以我们要特别关注。

哪些孩子会发生脑瘫呢？主要是围产期的缺氧或是早产宝宝脑还没有发育完全，出生后环境也没有保证孩子的大脑发育，所以有高危因素的孩子，就要早早接受医生的检查和干预的指导。

干预指的是什么呢？就是在孩子的发育过程中逐渐地通过我们的特别关注使其不会出现发育的问题，而不是等出现发育问题后再去治疗，所以对于存在高危因素的孩子，应及早通过医生了解孩子的发育情况，及时干预。

宝宝口腔有异味
是怎么了？

宝宝的口腔内有异味，特别是那种味酸的味道主要是由于胃食道反流所致。因为在婴幼儿的时候，孩子的“胃口”比较松，这个“胃口”指的是食道的下端和胃的上端连接处（贲门），孩子腹腔压力大的时候，胃里的食物就会形成反流，孩子经常会将反流的食物再咽回去，这样口腔内就会有异味，严重的时候会形成呕吐。随着孩子年龄的增长，“胃口”会越来越紧，这样的情况就会越来越少，只要孩子吃、喝、睡正常，那么家长就不用特别紧张。一般1岁以后，这种情况就会逐渐消失。

孩子舌苔厚怎么办

孩子舌苔厚跟消化肯定有一定的关系，如果消化不好的话，舌苔不仅会厚，而且颜色也不是白色，可能会是黄色甚至是褐色，家长可以通过孩子舌苔的颜色和厚度来观察一下孩子的消化状况。

如果孩子大便偏干，可能就会出现舌苔偏厚或是消化不良，家长不要去想办法消除孩子的厚舌苔，而是要通过舌苔来了解一下孩子的消化状况，如果我们给孩子吃的食物不容易消化，可能就会出现厚舌苔。

再有，如果孩子有便秘，我们都可以通过一定的方法在医生的指导下进行解决，将这些情况都解决以后，孩子舌苔厚的情况自然就会好转，但是对于吃奶的孩子往往舌苔会发白，因为舌苔上沾上了一些奶渍，这并不是什么严重的问题，只要孩子的进食正常、生长正常，家长就没有必要太过担心。

长牙的时候孩子会啃手指、喜欢安抚奶嘴、爱咬东西、吐泡泡。家长可以使用干净的、稍凉的纱布，给孩子按摩牙龈，他就会感觉到舒服。

长牙和出牙期间孩子经常流口水，有两方面原因，一是出牙时口腔不适，二是婴儿吞咽口水能力弱，或者说不太会自主吞咽口水。流口水会造成口腔周围和下颌皮肤因口水刺激出现皮疹，甚至破溃。可在婴儿睡觉时，用温毛巾轻擦局部后，涂些润肤露。流口水不会造成脱水，1岁后逐渐减少。